KB175210

광경화형(UV, EB, LED) 고분자재료의 물성과 응용

UV/EB시리즈 3

광경화형(UV, EB, LED) 고분자재료의 물성과 응용

임진규 지음

서문

광경화형 고분자는 열경화형 고분자에 비해 저온에서 경화가 가능하고 고속경화가 이루어지기 때문에 기존의 열경화형 고분자를 대체해나가고 있는 상황이다. 아울러 디지털산업 및 첨단산업이 가속화되면서 광경화 고분자의 적용이 많이 확대되고 있다.

본서는 광경화 고분자 시리즈로 출간되는 3번째 시리즈 서적이다. 이번 3권은 광경화 고분자의 물성에 관한 내용으로 주로 물성의 원리, 물성 측정방법 그리고 물성응용에 대해 다루고 있다.

본서는 기업연구소, 대학교, 대학원 등에서 광경화 고분자재료를 연구하고 공부하는 교재로 활용될 수 있다. 본서를 출간 할 수 있도록 허락해주신 한국학술정보와 많은 노고를 해주신 편집부에 감사를 드린다. 아울러 본서를 펴내는 데 많은 도움을 주고 함께 한 김태희 군, 이효범 군, 신승엽 군에게도 깊은 감사를 전한다.

2018년 6월 1일
저자 임진규

목 차

개요

1. 개요

모든 코팅은 제품의 적용 및 요구 성능을 충족시키기 위해 특정 사양을 준수해야 한다.

대부분 코팅은 접착이 부족한 경우 코팅이 기재의 외관을 보호하거나 성능을 향상시킬 수 없기 때문에 기재에 대한 접착력이 양호해야 한다. 안료가 포함된 코팅의 경우 종종 색상의 명암(shade) 등이 잘 일치해야 하며, 은폐력(hiding power)이 필요한 경우에는 불투명도가 중요하다.

잘못된 외관의 설계는 광택 정도, 수지 색상(즉 투명, 백색 또는 황색 여부) 및 다른 결함의 가능성으로 확장될 수 있으며, 최종 사용자가 지정한 주요 기준을 충족시키지 못하면 배치를 거부 당할 수 있다. 코팅의 미끄러운 느낌을 필요로 하는지, 열로 인하여 얼룩이 질 수 있는지 또는 다른 일반 가정용 물질에 견딜 수 있는지는 최종 용도에 따라 결정된다. 유연성, 내마모성, 내후성 등은 코팅 기재가 추후 공정이나 사용 수명 기간 중 처리되는 방식에 의해 규정되는 특성이다.

사용되는 특성 중 가장 중요한 특성은 점도일 것이며, 최종 제품 특성과 관련 있어야 한다. 예를 들어, 석판 잉크는 롤러의 긴 사슬을 통과하여 가공될 때 페이스트 상이여야 하며, 롤러 코팅이 적용된 오버 프린트 바니시는 점도가 낮아야 한다(20~50초 B4 컵 또는 100mPas 미만). 습식 코팅은 경화되기 전 균일한 표면을 위해 고르게 흘러야 한다. 그렇지 않으면 필름에 결함이 발생한다. 경화는 표면이 고르게 형성되고 사용 가능한 시간에 이루어져야 하며, 이는 라인의 속도, 경화 장비에 의해 관리된다.

위의 기준 중 대다수는, 코팅 및 공급 업체가 조건에 대한 수치를 맞출 수 있도록 정량적 또는 반 정량적 테스트 방법이 고안되었다. 이러한 조건 중 하나 이상을 충족을 못한 코팅은 품질 관리에 의해 거부되며 재 작업하거나 폐기해야 한다. 매번 모든 검사를 통과해야 주문 업체에 제공이 되며, 이러한 방식을 통과해야 매번 완벽한 결과를 보장받을 수 있다.

이 책은 총 13부분으로 나뉘어져 있지만 본질적으로 크게 두 부분으로 나눌 수 있다.

2장에서 8장까지는 품질관리에 사용되는 방법과 관련이 있으며, 9장에서 14장까지는 목적에 따른 일부 코팅의 적합성 및 기타 부적합성에 대한 추가 테스트 방법이 주요내용이다.

품질 관리 실험실에서 사용하는 시험은 단기적이어야 한다. 테스트가 일단락 되면, 필요 이상 장기간 보관은 하지 않아도 된다. 대부분의 테스트는 간단하며 일반적으로 정교한 계측기가 필요하진 않지만 많으면서 재현성 있는 결과를 산출한다. 따라서 출시된 제품의 특성이 공급업체와 주문업체 사이에 합의된 한도 내에 있음을 보증 할 수 있다. 물론 시험 결과의 실제 수치는 개발 연구소에서 미리 확인 해야하며, 기술은 품질관리 영역에만 국한되지 않는다.

개발연구소에서 독점적으로 사용되는 방법 중 일부는 장기간에 걸쳐 제품의 수명기간 동안 테스트가 이루어져야 하며, 별다른 사항이 없으면 보통 10년에 걸쳐 제품보증시험이 필요하다. 이 책 9장에서 14장까지 다루는 시험 방법은 비싸고 전문화된 분석 기법을 기반으로 한다. 고가의 시험장비로 인해 모든 실험실이 소유하지 못할 수 있다. 규모가 큰 회사와 연구소는 대부분의 기술을 접할 수 있지만, 이외의 다른 사람들에게는 2

장에서 8장까지 설명된 대부분의 산업 표준의 간단한 방법을 기반인 것을 인지하는 것이 좋다.

분석 장비가 더욱 정교해지면서 시료의 시험 시간이 줄어들기 때문에 분광기, 분리분석 및 열 방식을 사용하여 품질관리에 사용할 수 있다.

책에 있는 방법은 포괄적이지 않아서 이 책에 없지만 특별히 관심이 있는 테스트가 있는 경우 편집부에 요청하면 제 2판에 소개 할 수 있다.

점도

2.1 점도계

2.1.1 이론

점도는 흐르는 액체의 저항값이다.

예를 들어, 트리클의 경우 물보다는 비교적 느린 속도로 흐르지만, 강한 외력이 작용하지 않으면 고체와는 다르게 액체처럼 흐르게 된다. 점도는 온도에 대한 의존도도 크다. 트리클은 열을 주면 오일의 흐름성을 증가시키며 기계는 오일 교환을 촉진하기 위해 자동차 엔진을 가열한다.

일부 액체는 스트레칭 되면서 흐름을 유도 할 수 있다. 일반적인 인장 응력을 받는 고체와 점성 거동이 혼합된 점탄성 거동은 액체의 점탄성 거동을 잘 묘사한다. 일반적인 액체는 압축 및 전단 응력에만 영향을 받을 수 있다. 이 현상은 접촉된 두 얇은 평면이 있으면, 그 중 하나의 평면 모서리에 힘을 가해 미끄러지는 것으로 묘사할 수 있다. 이 평면 사이의 마찰력의 크기는 평면이 얼마나 빨리 떨어져 나가는지를 결정하는데, 이는 흐름 현상학과 관련 있다.

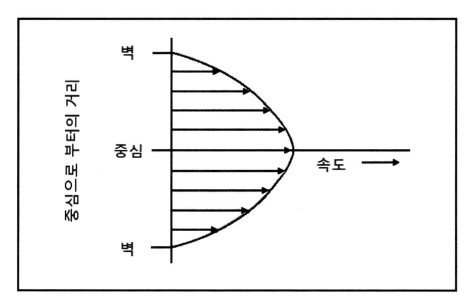

그림 2.1 파이프를 가로 지르는 층류 거리에 대한 유속 그래프

    층류가 지배적이라면 파이프의 액체 단면을 통과하는 속도 그래프는 그림 1(2)와 유사할 것이다. 즉, 무한히 얇은 층이 서로 평행한 방향으로 엇갈리게 움직이는 경우이다(이는 비난류이다.). 벽과 접촉하는 층의 속도는 0이며 가장 빠른 흐름은 중심에서 발생한다. 따라서 속도 구배는 파이프를 가로질러 존재하며, 그 크기는 분자간 결합(런던, 반데르발스 힘)의 비례한 액체면 사이의 마찰력과 펌프의 강도에 달려있다. 이 설명에서 암시하는 것은 다양한 동심층이 서로 미끄러져서 전단 응력이 생기고, 이러한 응력은 펌프에 의해 설정 될 필요가 있다는 것이다. 따라서 속도 기울기 du/dx는 적용된 전단 응력 R에 비례한다.

$$\frac{du}{dx} = \frac{R}{\eta} \tag{1}$$

    매개 변수 η은 특정 뉴톤 유체의 분자간 힘을 고려하기 위해 포함된 비례 상수이다. η이 높으면 속도구배가 낮고 유속이 느리다. 반면에 η값이 낮으면 높은 속도 구배가 발생하고 유속은 빠르게 된다. 따라서 매개변수 η은 액체의 점도(즉, 유동 저항)이다.

이 방정식은 다음과 같이 쓸 수 있으며 식 2.2에 나타나있다.

$$R = \eta D \tag{2}$$

식2.2에서 D는 전단 속도로 정의되며 속도 기울기와 동일하다.

두 번째 방정식은 아이작 뉴턴에 의해 발견되었으며, 이상적인 유체는 뉴톤(Newtonian) 유체로 알려져 있다. 물과 같은 이상적인 액체의 전단율에 대한 전단 응력은 직선 기울기를 산출한다(그림 2.2). 기울기는 점도이며, 이 그래프 유형은 흐름 곡선으로 알려져 있다.

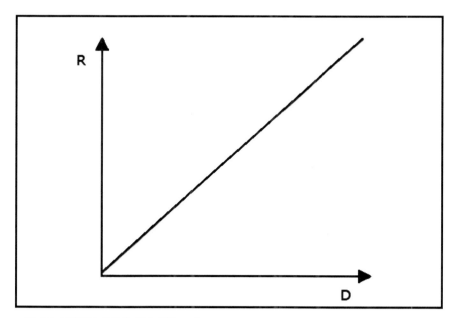

그림 2.2 이상적인 유체의 전단 응력 그래프

식 2.2를 다시 정리하면 식 2.3으로 나타낼 수 있다.

$$\eta = \frac{R}{D} \qquad\qquad (3)$$

전단 응력의 단위는 1 제곱 미터당 뉴턴(Nm^{-2}) 또는 파스칼(Pascals)이며, 전단 속도의 단위는 초 단위 시간의 역이다(s^{-1}). 따라서 점도 단위는 파스칼·초(Pas)이다. 이전의 점도 단위는 포이즈(Poise)(P)이지만, 단위가 크기 때문에 센티 포이즈(centipoises)(cP)를 백분율로 나눈 단위를 사용한다. 파스칼·초 단위 역시 크기 때문에 밀리파스칼·초(millipascal second)로 종종 쓰인다. 표1은 이러한 단위의 전환 챠트이다.

표 1 점도 단위 변환표

Poise	Centipoise	milliPascal seconds	Pascal seconds
0.01	1	1	0.001
0.10	10	10	0.010
1.00	100	100	0.100
10.00	1,000	1,000	1.000
100.00	10,000	10,000	10.000
1000.00	100,000	100,000	100.000

많은 액체에서 η은 실제로 일정하지 않지만 전단율에 따라 변한다. 이들은 비뉴톤 유체로 알려져 있다. 혼합물 예를 들어 옥수수 가루와 우유의 혼합물 같이 점도가 증가하는 것은 팽창제(dilatant)로 알려져 있지만 점도가 감소하는 것(예: 에멀젼)은 슈도플라스틱(pseudoplastic)이라고 한다. 소성 거동은 항복 응력을 가지며 그 전엔 흐름은 발생하지 않으며, 그 이상의 전단 응력에 따라 점도가 떨어진다. 아마도 페인트 업계에서 접하게 되는 가장 일반적인 유체는 정지 상태에서의 점도가 매우 높지만 응력이 가해지면 점도가 떨어지고 응력이 다시 제거 된 후 다시 원래 높은 점도로 되돌아가는 현상일 것이다. 이것은 슈도플라스틱(pseudoplastic) 거동의 특별한 경우로 간주 될 수 있으며, 비 드립(non drip) 페인트와 같은 틱소트로픽(thixotropic)으로 알려져 있다.

대부분의 클리어 락카는 뉴톤 액체인 경향이 있지만, 광택제 및 안료와 같은 고체 등의 입자가 도입되면 편차가 발생한다. 틱소트로피성 액체가 얻어지면, 주로 외관이 단단한 구조를 갖게 된다. 교반 시, 구조가 파괴되며 액체로 흐른다. 모든 틱소트리픽 액체는 일정한 전단 응력을 주입할 시 최소한의 점도로 도달할 때까지 점도가 떨어지며, 대부분 원래의 특성으로 회복하지만 일부는 다시 원래 특성으로 되돌아가지 못한다.

틱소트로픽 현상을 시각화 하기 위한 모델은 큰 분자의 용액으로 고려해야 한다. 분자는 주어진 전단 속도에서 마이크로 겔 형상과 분해되는 분자들은 동적 평형 상태에 있다. 이 평형은 전단 속도에 따라 다르지만 재배치, 축소 또는 모두 제거되는 순간 재배치가 일어나지 않으므로 용액은 서서히 늘어나고 전단 시 천천히 얇아진다.

팽창성 거동은 섬유질 입자의 정렬된 구조가 점도 증가를 일으키며, 점도가 증가로 인하여 많은 안료들의 부하 등의 이유로 발생한다. 그림 2.2는 팽창성 물질과 슈도플라스틱 물질의 흐름 곡선을 보여준다.

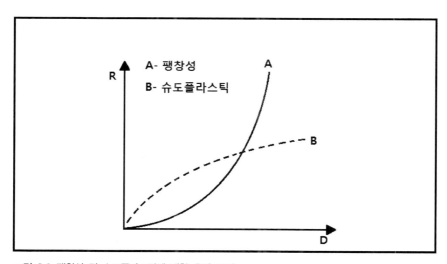

그림 2.3 팽창성 및 슈도플라스틱에 대한 유량 곡선

안료, 광택제 및 기타 필러가 유체에 분산되어 나오는 점도는 아인슈타인 방정식으로 나태낼 수 있다.

$$\eta = \eta_0(1 + 2.5\varphi) \tag{4}$$

η = 측정 점도

η_0 = 유체 점도

φ = 분산된 물질의 체적 분율 (유체 역학 체적)

불행하게도 이 방정식은 분산된 입자가 구형이라고 가정하였을 때 유도되었고 대부분 그런 경우는 아니다. 예를 들어 활성, 운모 및 박리된 점토는 낮은 전단 응력에서 서로 미끄러지는 형태지만 높은 전단 응력에서 입자가 회전하여 다른 층과 간섭 할 수 있게 하는 시스템이므로 팽창이 발생한다. 수력학적 체적은 디스크상의 모든 지점의 3차원 궤적이다. 고분자 사슬들은 서로 얽히게 되어있으며 이 장에서 설명한 탄성 현상을 일으킨다. 고분자 량의 사슬일수록 얽힘(entanglement)이 많아지며 코팅 및 잉크가 롤러 등에 적용 시 흐름 문제를 일으킬 수 있다. 얽힘은 다양한 모델에서 유도되며 이러한 모델의 두 가지 예는 카슨(Casson) 모델과 스테이져 오리(Steiger Ory) 모델이다. 전자의 전단 응력 및 점도는 제곱근 관계이며, 뉴톤 유체에 분산된 입자로 구성된 코팅에 적용이 가능하다. 후자의 모델인 스테이져 오리 모델은 전단율이 3승 관계다. 이 모델은 비뉴톤 유체에 분산된 용액에 적용된다.

카슨 모델은 빙햄(Bingham) 플라스틱 모델보다 복잡한 버전이다. 항복 응력이 있는 유체의 가장 간단한 수학적 설명이다. 이 유체가 흐르지 않게 하려면 0보다 크지만 최소 응력을 적용해야 한다. 카슨 방적식에는 결함(false body)이 있는 시스템을 설명한다. 수율 효과는 분산액에 부유하는 입자 사이에 존재하는 인력과 관련 있다. 종종 수율 값은 유체가 흐르기 전에 넘겨야 하는 '격자'에너지와 관련되어 있다. 틱소트로픽은 일정한 힘에 의해 야기되는 시간 의존성 유체다.

온도는 액체의 점도에 큰 영향을 준다. 예를 들어 1℃ 상승하면 어떤 오일은 점도가 10%까지 내려간다. 일정기간 동안 천천히 발생하는 화학적 변화는 점도 변화를 초래할 수 있으며, 재료의 수명문제를 일으키는 원인 중 하나이다.

점도 측정은 고분자 화학 초기에 매우 중요한 요소이다. 대부분 경우 많은 가정이 요구되지만, 점도 측정으로부터 고분자의 분자량까지 계산할 수 있다. GPC(12장 2)와 같은 분자량 측정에 분석기술이 나와서 요즘엔 점도를 이용하여 분자량을 측정할 필요가 없어졌다. 그러나 실제 고분자 제조하는 현장에서는 점도를 이용하여 분자량 증가를 측정한다. 일반적으로 분자량이 높을수록 고분자의 점도는 커진다. UV, EB 산업의 대부분은 무용제형인 반면에 일부는 점도를 감소시키기 위해 용제를 함유하고 있다. 용매의 성질(용해력) 및 양(고형분 또는 비휘발성 내용물)은 점도에 크게 영향을 미친다. 일부 UV 단량체는 다른 용매보다 우수한 희석제로 쓰인다.

2.2 점도계

점도는 점도계를 사용함으로써 측정되며, 표면코팅 산업에서는 사용되는 4가지 주요 유형이 있다. 첫 번째 방법으로는 액체 안 기포의 이동속도 비교에 따른 표준화된 점도를 가진 액체를 포함하는 튜브와 마개가 달린 측정하고자 하는 액체의 점도를 비교한다. 두 번째는 채널을 통과할 때, 지정된 온도에서의 명시된 액체부피의 이동에 관한 시간측정에 의해 점도가 측정된다.

그러나 이 방법은 절대적인 점도로 변환될 수 있는 비뉴톤 액체에 대한 결과를 제공할 수 없는 어려움이 있다. 세 번째 방법은 액체를 통해 물체가 떨어지거나 통과하는데 걸리는 시간을 측정하는 것이다. 이 방법들은 위의 두 가지 간단한 방법들에 사용되는 장비보다 덜 이용되는 정밀기기로 측정된다.

2.2.1 버블튜브

점도를 측정하는 가장 간단한 방법 중 하나는 버블 튜브를 사용하는 것이다. 이 기술은 1930년 수지 산업에 등장했으며, 제조 과정중의 점도 조절뿐만 아니라, 수지 용액의 최종 점도를 측정하는 데 사용된다. 버블튜브 점도계는 UV, EB 산업에서 제한적으로 사용된다. 왜냐하면 대부분 회사들은 점도측정에 있어 더 정교한 기술을 필요로 하기 때문이다. 측정할 수 있는 점도 범위가 넓다는 것 때문에 예비 중합체 그리고 반응성 희석제를 제조하는 일부 공장에서는 여전히 이 방법을 사용하며, 밑에 간단한 설명이 제공될 것이다. 버블튜브란 그림 4에서 보여주는 것과 같이, 새겨진 라인을 가진 고정된 직경의 마개시험튜브이다. 튜브는 액체가 이 선까지 채워지며 그것은 마개로 막아져 있으며, 다른 점도들을 갖는 표준 액상으로 채워진 튜브들과 같이 항온조에 놓여지게 된다. 열 적 평형에 도달하게 될 때, (보통 15분 후에) 시험 액체를 포함하는 튜브 그리고 다른 표준 점도의 두 개의 튜브들을 꺼내서, 동시에 거꾸로 뒤집는다. 그림 4b 에서 보여주는 것과 같이 시험액체의 버블이 그 밖에 다른 2개의 튜브에 있는 버블 사이의 속도로 이동한다면 표준 시험액체 사이의 점도 값을 가지고 있다고 할 수 있다.

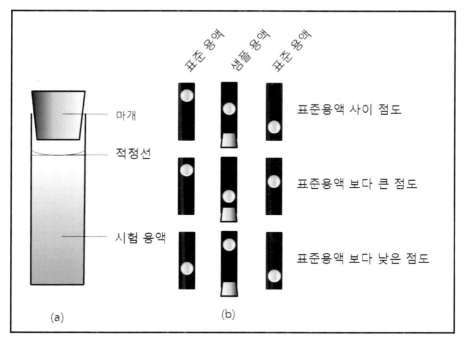

그림 4 버블 튜브

그러나 시험 액체에 있는 버블이 인접한 튜브의 버블보다 더 느리게 혹은 빠르게 올라온다면 시험액체는 다른 인접한 시험액체보다 상대적으로 점도가 더 크거나 작을 것이다. 시험 액체들은 그것들의 점도들 사이에 상대적으로 작은 차이가 있는 것으로 선별된다. 보통 버블튜브 점도를 측정할 때, 사용되는 표준튜브들은 인접한 범위의 점도를 갖는다. 실험은 보통 초기에 두개의 튜브를 사용하여 측정한다. 그러나 의심의 여지가 있다면 레인징 샷(ranging shot)을 제공하기 위해 표준 튜브들의 초기선택의 점도 차이를 증가시킬 수 있다. 다양한 표준점도튜브 세트가 있다. 가장 널리 사용되는 2 가지 유형으로 "Gadner Holdt"와 "PRS"가 있다. 전자는 포이즈(Poise)단위의 점도와 상응하는 영어 또는 영어, 숫자로 표기된다. 후자는 PRS 튜브는 다음 장에서 정의되는 스토크(Stoke)의 점도로 측정된다. "Gadner Holdt" 그리고 "PRS"는 포이즈(Poise), 스토크(Stokes)와 상응한 점도로 표 2에 나타나있다. 요약하자면 버블튜브는 값이 싸며, 다양한 범위의 점도를 측정할 수 있는 간편한 방법이다.

표 2

가드너 홀트 튜브	PRS 튜브	점도 (Poise)	점도 (Stokes)		가드너 홀트 튜브	PRS 튜브	점도 (Poise)	점도 (Stokes)
A	1	0.5	0.56		V		8.84	
B		0.65				12	10.0	11.1
B–C	2	0.75	0.86		W		10.7	
C		0.85			X		12.9	
D	3	1.00	1.1			13	15.0	16.5
E		1.25			Y		17.6	
F		1.40			Z		22.7	
	4	1.50	1.70			14	25.0	27.5
G		1.65			Z_1		27.0	
H	5	2.0	2.2		Z_2		36.2	
I		2.25				15	40.0	44.0
J	6	2.5	2.8		Z_3		46.3	
K		2.75				16	60.0	66.0
L	7	3.0	3.3		Z_4		63.45	
M		3.2				17	80.0	87.0
N		3.4			Z_5		98.5	
NN–O	8	3.5	3.9			18	100.0	109.0
O		3.7			Z_6		148.0	
P	9	4.0	4.4			19	150.0	162.0
Q		4.35				20	200.0	
R		4.70			Z_7		388.0	
S	10	5.0	5.5		Z_8		590.0	
T		5.5			Z_9		855.0	
U		6.27			Z_{10}		1066.0	
	11	7.0	7.7					

UV, EB 예비중합체와 반응성 희석제들의 점도들은 25도, 일정량의 mPas에서 Mpas까지의 범위를 가지고 있다는 것을 기억해야 한다. 알키드와 같이 회사에서 이미 제조하고 있는 수지들의 버블튜브는 이미 존재한다. 안타깝게도 그것들은 오직 점도범위만을 나타내는 대략적인 점도만을 제공한다. 그러나 많은 원자재들에 대한 점도 명시는 표준 점도 튜브들

사이의 차이보다 보다 더 넓을 것이다.

2.2.2 플로우컵(Flow Cups)

플로우 컵은 점도계의 두 번째 유형에 포함되며, 그것들은 간단하게 원뿔형 바닥에 윗부분이 열려있는 용기이며, 구멍이 원뿔형 바닥에 위치하게 된다. 사용하는 플로우 컵들은 수많은 다른 유형들이 있다. 그림 5,6은 가장 선호하는 2개를 보여주고 있다.

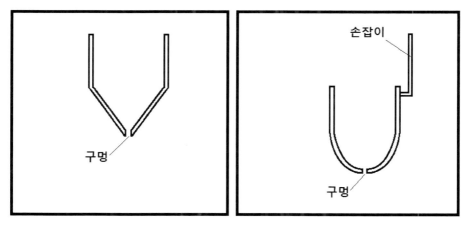

그림 5 포드, Bs, 딘 플로우 컵의 대략적인 구성   **그림 6** 잔 플로우 컵의 대략적인 구성

그리고 나서 막았던 구멍을 열어주고, 액체가 유출되는데 걸리는 시간이 기록된다. 일반적 종결점으로 액체줄기가 끝이 날 때, 시간이 기록된다. 이 기술은 매우 온도에 민감하기 때문에 컵과 액체 양쪽이 측정 시 올바른 온도가 되도록 주의를 기울여야 한다. 센티스토크(centistokes)는 운동학적 점도 단위(v)이다. 동적 점도(η)를 얻기 위해서는 다음 식은 뉴톤 액체에 사용될 수 있다. 여기서 p= 밀도(kg/m)

$$\eta = pv$$

(5)

이러한 전환보조도구의 존재에도 불구하고 결과는 대부분 초단위로 나
타난다. 이것은 플로우 컵을 사용하는데 있어 이 변환은 비뉴톤 액체에
대하여 부적절하기 때문이다. 특정한 컵을 사용했을 시에는 측정 온도 또
한 기록된다. scme 테스팅 기관에서는 8%의 정확도가 요구된다. 그러므로
50초의 시간은 46에서 54초사이로 다양화될 수 있다. 결과적으로 어떠한
사양도 이보다 더 엄격하게 설정되어서는 안된다. 만약 액체가 컵을 통하
여 흐르는 시간이 30초 미만이거나 120초 이상일 경우 이 결과는 약간의
의구심이 들며, 이 경우 컵은 또 다른 사이즈의 구멍을 가진 컵으로 대체
되어야만 한다. 그리고 두 번째 경우에는 그 반대가 되어야 한다. 사용할
수 있는 다양한 컵들이 많이 있으며, 그림 5에 이러한 것들이 명시되어있
다. 그것들은 용량 그리고 구멍 사이즈에 따라 다양하게 있으며, 물론 용
기가 비어있는데 걸리는 시간에 영향을 줄 것이다. 표 3은 일부 보통 사
용하는 유형의 용량 그리고 구멍 사이즈를 비교하고 있다. 그리고 그림 7
은 그것들간의 상관관계 차트이다.

표 3 플로우 컵의 평균 구멍 크기 비교

플로우 컵	구멍 크기(mm)
Ford 2	2.5
Ford 3	3.4
Ford 4	4.1
Zahn 1	2.002
Zahn 2	2.748
Zahn 3	3.777
Zahn 4	4.277
Zahn 5	5.263
BS 2	2.38
BS 3	3.17
BS 4	3.97
BS 5	4.76
BS 6	7.14

확실하게 전단속도의 변화가 이와 같은 간단한 시험과 관련이 없으므로

비뉴톤액체들은 그것들의 특성이 드러나지 않을 것이다. 따라서 비록 이 점도계들은 훌륭한 품질 관리 도구이지만 다양한 전단속도에 따른 용량의 점도계에 관한 심층적인 연구가 필요하다.

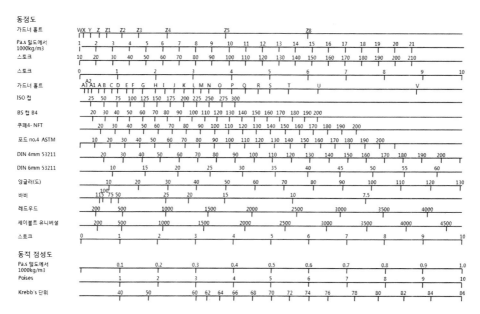

그림 7 상관관계 도표

2.2.3 U자 튜브 점도계

액체가 채널을 통과하는데 걸리는 시간에 대한 개념을 이용한 또 다른 접근법으로는 유리관의 한쪽 면에서 두 개의 표식 사이로 액체가 떨어지는 시간을 측정하는 것이다. 유리관의 직경은 시험을 실시할 액체의 점도에 의해 다양화 될 수 있다. 수년에 걸쳐 이 개념에 대한 수많은 변화가 일어났으며, 이 중 대부분은 주로 분자량 측정 때문이며, 정밀하고 감소된 점도 측정을 위해 고안된 것이다. 보통 모세관 점도계로 수많은 희석제 점도를 측정할 필요가 없다. 그러므로 보편적인 사용에 있어 대부분의 점도계들은 U자 관이다. 이것에 관한 일반적인 디자인은 그림 8에서 보여준다.

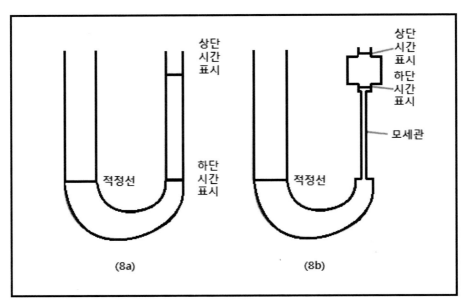

그림 8 튜브 및 모세관 점도계

모세관을 부분적으로 막거나 완전히 막히게 하는 작은 조각들을 제거하기 위해 소결 유리필터를 통해 액체를 걸러내야 할 수도 있다. 점도계는 상온 항온조에 놓여지게 되며(오일의 경우 60도보다 더 높은 온도), 이 때 열 적 평형을 얻게 하기 위해, 항온조 액체 수위를 상단시간표시(Top Timing Mark) 위쪽으로 맞춘다. U자 튜브에서 액체를 위 아래로 펌핑하면 열적 평형시간을 감소시킬 수 있다. 용제 기반 시스템의 경우, 용액이 항온조에서 있는 허용시간과 점도계 튜브 위쪽으로 액체를 빨아들이기 위한 진공적용은 용제가 소실될 수 있기 때문에 측정된 용액의 점도에 영향을 끼친다. 따라서 점도계에서 액체를 움직이게 하기 위해 진공보다는 높은 압력을 적용할 필요에 대하여 고찰할 필요가 있다. 압력과 진공 모두 보통 피펫 필러(pipette fillers)와 유사한 동그란 고무를 직접 잡아줌으로써 적용된다. 무용제형 UV 또는 EB 재료의 경우, 압력 또는 진공이 적용될 수 있다. 명확한 것은 U자 튜브 또는 모세관 튜브 점도계들은 무용제 시스템 적용 시, 오직 상대적으로 낮은 점도물질에 대해 사용될 수 있다. 따라서 일반적으로 이러한 점도계 부류는 25도, 수 mPas에서 약 10 Pas까지의 범위의 반응성 희석제로 제한된다. 일부 낮은 점도를 갖는 예비중합체들은 이 기술에 의해 점도측정을 할 수 있다.

2.2.4 낙하물체 점도계(Falling Object Viscometers)

액체 이동시간 대신 액체를 통해 물체가 떨어지거나 통과하는데 걸리는 시간을 측정할 수 있다. 이 기술은 점성이 있는 비 틱소트로픽 물질에 보다 더 적합하다. 두 가지 주요기술들이 있다. 전형적으로 스테인리스 강철 구를 사용하며, 두 개 타이밍마크(Timing Mark)사이를 구가 통과하는데 걸리는 시간을 이용한다. 다른 하나는 액체를 통과하는 강철 막대를 사용한다. 당연하게도 이 기술들은 낙하구 그리고 낙하막대 점도측정으로 알려져 있다.

2.2.4.1 낙하구 점도계(Falling Sphere Viscometry)

크기가 다른 여러 개의 튜브 중 하나를 상단 타이밍 마크 위까지 액체로 채운다. 이 튜브는 그리고 나서 상단 타이밍 마크까지 잠기게 상온 항온조에 위치시킨다. 튜브는 수직이 되어야하며, 그렇지 않으면 떨어진 구는 튜브 측면근처의 액체로부터 난류가 형성되어 통과 시 추가적 제약을 받을 수 있으며, 튜브와 충돌할 수도 있다.(다른 크기의 구를 또한 이용할 수 있다.) 점도가 높을수록, 더 크거나 보다 무거운 구를 사용해야 한다. 구는 튜브의 중심부로 떨어져야 하며, 타이밍 마크 사이를 구가 통과하는데 걸리는 시간이 측정되어야 한다. 마크를 통과하는 구의 상단, 중앙, 하단부분은 양쪽 마크에 동일하게 사용되어야 한다. 일반적으로 최소 두 번의 측정이 실시된다. 미리 허용오차(예를 들어 100초중 1초)에 대한 합의를 한 후, 그리고 나서 그 기준을 점도측정에 적용한다. 만약 결과 오차가 크다면 구를 수용 가능한 범주에 들어갈 때까지 여러 번 떨어트린다.

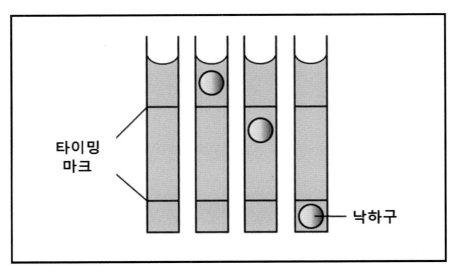

타이밍
마크

낙하구

그림 9 낙하구 점도계

이 기술은 예비 중합체와 같은 시럽(syrub), 낮은 점도를 가지는 반응성 희석제 사이의 점도를 가지는 물질들에 적합하다. 만약 점도가 너무 낮으면 구는 정확하고, 재현성 있는 측정을 하기에는 너무 빨리 떨어진다. 선호되는 시간은 약 100초이다. 만약 액체가 점성이 강하다면 구는 충분한 전단이 발생하도록 불충분한 질량을 갖는 것을 사용해야 한다. 결과적으로 그것들은 타이밍 마크 사이를 통과하는 많은 시간이 걸릴 것이다. 제조, 배합, UV 혹은 EB 물질 그리고 배합물에 관련된 일부 회사들이 낙하구 기술을 사용하는지는 알려져 있지 않다. 극도의 점도를 가지는 물질을 측정하는 데 다른 유형의 점도계가 필요함에 따라, 많은 회사들이 낙하구 점도계를 사용하는 것을 고려하게 된다.

2.2.4.2 낙하막대 점도계(Falling Rod Viscometry)

시럽 또는 페이스트와 같은 물질의 점도측정은 어렵지만 현재 사용 가능한 일부 비싼 점도계들도 있다. 새로운 기술이 출현하기 전에 오일 잉크(예를 들어, 리소그래픽 잉크)의 점도는 낙하막대 점도계를 사용하여 측

정되었다. UV 잉크의 상당한 부분은 UV 경화형 리소그래픽 잉크로 구성
되어있다. 따라서 수년에 걸쳐 과거 용제 기반의 잉크에 사용된 이 기술
이 UV 경화 등가물로 사용되었다는 것은 놀라운 일이 아니다. 일반적으
로 두 개의 타이밍 마크를 가진 막대는 막대보다 직경이 약간 더 큰 구멍
을 통해서 통과한다. 무거운 것은 막대 위쪽에 놓여지게 된다. 두 개의 타
이밍 마크가 구멍을 통해 통과하는 시간이 측정된다. 가장 흔히 사용되는
낙하막대 점도계 중 하나는 라레이(Laray) 또는 변형 라레이 점도계다.

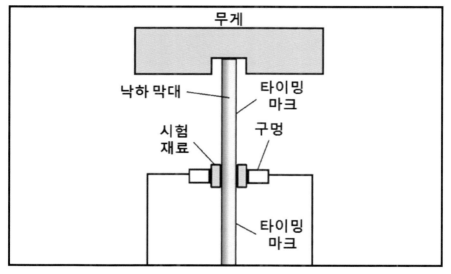

그림 10 라레이(Laray) 점도계

　정교함이 증가함에 따라, 자석은 타이밍 마크를 대체하는데 사용될 수
있으며, 자석이 구멍을 통해 통과하는데 걸리는 시간이 전자적으로 기록
되며 그렇기 때문에 에러가 줄어든다. 온도조절은 매우 중요하며, 구멍에
연결된 상온 장치를 이용 가능하다. 이것들은 광범위한 점도 측정이 가능
하게 만들어진 온도를 변환할 수 있는 설비가 결합되어있다. 안타깝게도
라레이 점도계 또는 변형된 라레이 점도계는 심지어 같은 실험실에서 동
일 기술자가 위의 2개를 사용한다고 해도 상관관계가 부족한 것은 널리

알려져 있다. 그러므로 각각 퍼지 요인들(furge factors)을 갖는 2개 혹은 그 이상의 라레이 점도계 사이의 연관성을 갖게 하기 위해서는 표준물질을 사용하는 것이 종종 필요하다. 낙하 시간으로부터의 점도계산은 가능하며, 이용할 수 있는 방정식이 있지만 그것들은 모두 근사치를 나타낸다. 점도 이외에도 라레이 점도계는 잉크의 생산량을 측정하는데도 사용될 수 있다. 오일 잉크는 적용된 일부 전단수득 값에서 인쇄기에서 분열될 수 있는 구조를 가져야 한다. 파레트 칼(palate Knife)의 사용은 숙련된 사용자에게 재료의 산출 그리고 느낌에 대해 좋은 아이디어를 제공할 수 있다. 품질관리시험 그리고 품질보증이 세계적으로 증가하고 있으며, 이것은 비록 지시적 시험 방법이지만 용인 가능하지 않다. 막대에 두 가지 다른 하중을 사용하면 산출량이 계산될 수 있다.

2.2.5 기구점도계(Instrumental Viscometers)

점도를 측정하기 위해 사용되는 그 밖의 대부분의 기술들은 회전 장치를 기반으로 하며, 움직임에 대한 저항은 회전 장치에 고정된 스프링을 붙여 측정된다. 스프링 힘은 교정된 저울 표시계로부터 점도 단위까지 읽을 수 있고, 더 현대적 장비에서는 디지털 디스플레이로부터 읽을 수 있다.

2.2.5.1 동심원 실린더 점도계(Concentric Cylinder Viscometers)

이 방법에서 액체는 회전형 외부 실린더와 고정된 내부 실린더 사이에 놓인다. 보정된 스프링에 의해 저항을 받는 매달린 내부 실린더 쪽으로 유체가 흘러 전도된다. 비록 틈을 가로지르면서 발생한 전단응력은 범위가 넓지만 만약 간격이 실린더의 치수보다 작다면 이로 발생한 오차는 대부분의 유체에 대해서는 무시될 수 있다. 상업적 기구들은 특히 실린더와 컵에 대한 자료조사를 통해 알려져 있지 않은 최종결과 오차를 줄이기 위해 설계되었다. 또한 좁은 간격은 온도조절에 도움을 준다. 하지만 확실하게 하기 위해 실린더는 일종의 자동온도 조절장치 부착되어야만 한다. 다른 문제들로는 뻑뻑한 물질의 경우, 간격을 완전히 채우는 어려움, 일부 재료들은 간격 밖으로 타고 올라오는 경향이 있다. 이러한 문제는 변칙적인 결과를 야기한다.

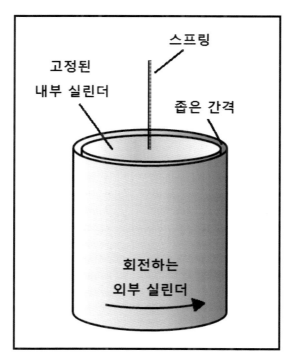

그림 11 동심원 형상

2.2.5.2 콘 및 플레이트 점도계(Cone and Plate Viscometers)

이 점도계 유형은 오직 시편을 통틀어 균일전단속도를 유지하여 측정하는 것이다. 그리고 이것은 회전원리의 또 다른 변형이다. 배열 형태는 그림 12에서 보여주고 있다.

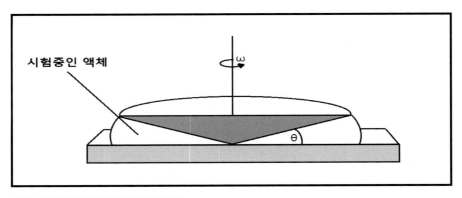

그림 12 원뿔 및 플레이트 기하학 구성

콘과 플레이트 사이의 각도는 일반적으로 4° 보다 작으며, 콘의 정점이 플레이트와 닿아있다. 일부 더 정교한 디자인은 원뿔의 끝점이 평평하게 잘린 모양이며, 이는 플레이트에 닿아있지 않고, 마찰로 야기되는 오류를 줄여준다. 정확한 장비 간격 세팅은 이러한 경우에 필요하다. 전단 속도는 어느 곳에서 ω/sinθ로 동일하게 사용하며, 여기서 ω은 회전 각속도이다. 한쪽으로 치우쳐져 있어 중심이 맞지 않는다면, 판독 값에 심각한 오류를 발생시키기 때문에 매우 정확한 제조가 필요하다. 아마도 가장 잘 알려진 부류는 페란티-셜리(Ferranti-Shirley)에 의해 만들어진 것이다. 보통 페인트 한 방울이 플레이트에 놓여있고, 원뿔이 아래로 낮아지거나 플레이트가 원뿔 쪽으로 들려지게 된다. 간편한 버전들은 쉽게 칠하기 쉽고 세척이 용이하며, 그것들은 용제 증발속도가 느리다는 전제하에 페인트 그리고 유사 물질들에 관한 일상적 품질 관리에 사용될 수 있다. 그것들은 한가지 속도로 제한되며 비교적 좁은 점도 영역에서 작동이 가능하다.(0.1에서 1Pas)

일반적으로 사용되는 예로는 ICI 원뿔, 플레이트 점도계이며, 이것은 0에서 10 포이즈(Poise) 사이의 계기판을 갖는다. 물론 이 단위들은 호환이 가능하며, SI 단위에 앞서 널리 쓰여진 파스칼(Pas)로 대부분 만들어졌기 때문에 기기에서 파스칼을 볼 수 있을 것이다. 다른 각도를 가지는 원뿔을 사용하면 보통 범위가 4배 증가하게 된다. 다른 온도의 버전도 또한 이용 가능하다. 일부 연구 장비에는 속도와 전단응력 및 속도 구배를 변경할 수 있는 설비를 가지고 있다. 장비 온도는 항온조를 사용하여 세밀하게 관리된다.

점성이 있거나 공기가 들어간 제품들에 두 가지 주요한 문제들이 있으며, 특히 예비 중합체들은 에어 스펀지를 사용하여 제조된다.

1. 높은 점도는 열 전달에 취약하며, 열 적 평형시간이 길다.
2. 공기의 동반된 버블은 변칙적인 결과를 제공한다.

원뿔 및 플레이트 점도계는 이 문제들 모두를 극복했다. 상대적으로 작은 표면적에 시험에 필요한 물질의 작은 양(일반적으로 5g미만)은 쉽게 열 평형을 얻을 수 있다. 원뿔의 전단 작용은 버블을 제거한다.

2.2.5.3 평행 플레이트 점도계(Parallel Plate Viscometers)

콘 및 플레이트 형상은 투명액상 시료를 사용했을 때 가장 정확하다. 페인트 및 잉크는 한정된 입자 크기를 갖는 안료와 같은 고상 물질과 함께 채워지는데, 이것은 안료입자들이 원뿔의 꼭지점 쪽에 가깝게 얽히게 되어 문제를 야기할 수 있으며, 따라서 잘못된 결과를 초래할 수 있다. 이 문제에 대한 실질적인 해결책은 평행 플레이트 점도계이다. 이것에 대한 형상으로 두 개의 플레이트들이 일정한 거리를 두고, 한 개는 고정되어있으며, 다른 하나는 회전할 수 있다. 데이터는 응력 측정에 의해 보통 방법으로 얻을 수 있다. 이 구성의 장점은 사이 거리가 최대 입자크기(약 5배)보다 훨씬 더 크며, 포착이 발생되지 않는 것이다.

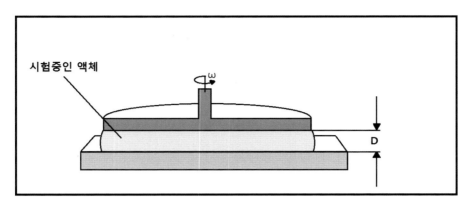

시험중인 액체

D

그림 13 평행판 점도계의 구성

2.2.5.4 회전구/ 디스크 점도계(Parallel Plate Viscometers)

이 유형의 점도계의 일반적인 이름은 로토리널(Rotothinner)이다. 이것들은 회전형 실린더 점도계의 변형이다. 이 경우 외부 실린더는 스프링에 관하여 자유롭게 움직이는 플랫폼에 자기적인 영향을 받는 주석 캔이다. 전단은 회전형 디스크 또는 구를 사용하여 도입된다. 구체로 설치된 것은 액체를 통하여 주석 캔으로 전도되며, 주석 캔은 스프링의 장력이 설치된 것에 대하여 반발할 때까지 플랫폼을 회전시킨다. 플랫폼은 보정되면, 점도를 직접 읽을 수 있게 된다. 이 방법의 가장 큰 단점으로는 시험 시 물질을 거의 가득 채울 수 있는 캔이 필요하다는 것이다.

2.2.5.5 무한 유체 점도계(Infinite Fluid Viscometers)

점성 저항은 원축에서 비틈 측정값을 만들어 다량의 액체가 있는 회전형 디스크에서 측정된다.

가장 유명한 점도계들은 브룩필드에서 제조된 것들이다. 다양한 모델들은 1에서 7까지의 점직적으로 더 작은 반경을 기반으로 하며, 이것은 다양한 다른 속도로 구동될 수 있다.(그림 14)

그림 14 부룩필드 점도계

디스크로부터의 거리에 따라 달라지는 전단속도와 벽 효과로부터의 오류 때문에 정확도는 의심스럽지만, 사용 편리성과 견고함으로 품질관리작업에서는 이 점도계는 매우 중요하다.

따라서 이 모델은 표면 코팅산업에 널리 이용되고 있다. 점도는 종종 특정온도, 회전속도, 디스크의 크기가 같이 표기된다. 점성이 있는 액체의 가장 큰 단점은 비교적 많은 양의 물질(50-250g)이 열 평형에 도달하는데 요구되는 시간이다. 그러나 브룩필드 점도계들을 사용하는데 있어, 작은 크기(<10 cm3)의 온도조절셀이 있다. 브룩필드 점도계의 오래된 모델은 판독값, 디스크 사이즈, 회전 속도를 알려준다면 절대점도를 읽을 수 있는 보정 차트가 공급되었다. 그 이후의 현대 장비는 전산화되어 직접 판독을 할 수 있다.

2.2.5.6 응력 제어 레오미터(Controlled Stress Rheometers)

정교한 점도계 또는 레오미터는 원뿔 그리고 플레이트, 동심 실린더, 평행 플레이트등의 다른 모양을 갖는 수많은 회전 장치를 사용할 수 있다.

최근까지 통제된 변수는 회전속도 또는 전단속도이었으며, 앞서 언급했듯이 결과응력은 측정된 변수이다. 전산 및 현재 전자 장치의 출현으로 실험을 수행하는 새로운 방법이 개발되었다. 새로운 방법은 전단보다 오히려 응력을 제어하는 것이며, 이 새로운 기술의 측정 변수는 전단속도이다. 이 제어된 응력 접근법은 펌핑, 압출 그리고 퇴적과 같은 실제 유변학적 과정을 더 대표한다고 주장한다. 도포롤러의 회전속도는 이러한 프로세스의 통제변수이기 때문에 산업코팅분야에서 논의하기가 어렵다. 장비의 부품들은 정확한 결과를 얻었다는 것을 보장하기 위해서 정확하게 만들어져야 한다. 이 유형의 레오미터와 함께 사용되는 다양한 장치의 기하학적 구조는 예를 들어 원뿔, 플레이트와 같이 제어된 전단장비와 함께 사용하는 것들과 같다. 응력은 스테퍼 모터보다 훨씬 더 적합한 특정 특성을 갖는 드레그컵 모터에 구동축을 통해 시료를 부착시킴에 따라 다양한 기하학적 구조에 적용된다. 이러한 구성으로 최대 $50,000\mu Wm$의 토크를 얻을 수 있다. 공기 베어링에 의해 지지되며, 그 이유는 측정되는 작은 시료변형을 야기하는 기계적 마찰을 제거하기 위함이다. 고정된 그리고 움직이는 팬 사이의 간격의 정확한 인지는 정확한 결과에 필요하다. 이것은 마이크로미터 바퀴에 의해 제어되는 미세높이와 공기가 가득 찬 램의 고정된 구성부품을 만드는데 필요하다. 기계적 마찰을 줄이기 위한 추가적인 노력은 고정된 부분과 움직이는 부분 사이에서 접촉이 발생하지 않도록 하기 위해 원뿔과 판의 원뿔을 절단하여 이루어진다. (그림 15를 보자) 램의 높이 조정은 이 경우에 이루어져야 한다. 비 뉴턴식 거동은 전단 응력 스윕(shear stress sweeps)으로 확인할 수 있다. 즉 전단 응력은 점진적으로 0에서 사전 정의된 값으로 점진적으로 증가되며, 유사한 방법으로 다시 0으로 감소된다. 전단 속도에 대한 전단 응력 차트는 비 뉴톤 샘플이 얼마나 변화하는 이력현상의 정도에 의존하는지를 보여줄 것이다. 전산화는 데이터를 전단속도에 대한 점도의 도식화로 쉽게 변형시켜준다. 컴퓨터는 커브 피팅(curve fitting)을 가능케하며, 가장 중요한 정보인 시험 중인 가장 적합한 모델을 결정시켜준다.

모노머 및 올리고머 습식분석

제3장

3.1 비휘발성 함유 / 잔류 용매

솔리드 혹은 고상이라고 불리는 특성은 용제가 포함된 시스템에 더 적합하다. 일부 UV 코팅제, 특히 목재 제형에는 유기 용제가 함유되어 있다.

본질적으로 용매가 제거 되기 전과 후의 무게를 측정하며 최소한의 중복측정이 필요하다. 조건, 샘플 및 시간의 따라 측정값은 매우 달라진다. 일반적으로 다음과 같은 방법을 사용한다. 약 5cm 직경인 접시에 분석 샘플 1g을 정확히 계량한다. 고형분 측정접시는 일반적으로 은박형식으로 되어있다. 점성이 높은 액체경우 종이 클립으로 펼친다. 클립을 이용할 때는 클립의 무게 역시 측정해야 한다. 그 다음 오븐에 넣는다. 일반적으로 사용하는 오븐의 온도는 100~150℃이며 110~120℃를 자주 사용한다. 30분에서 3시간 까지 (보통 1시간) 오븐에 넣어둔 후 고형물 접시를 꺼내 무게를 측정한다. 고형분은 다음과 같이 계산된다.

$$\text{고체} = \frac{\left(\text{건조전 무게} - \text{건조후 무게}\right) \times 100}{\text{건조전 무게}} \qquad (6)$$

이론적으로 샘플은 일정한 무게로 오븐에 보관해야 하지만 코팅 실험실에서는 이 방법을 거의 사용하지 않는다.

많은 UV경화성 물질의 경우, 배합 구성물질의 일부 휘발성 물질들 때문에 측정하기가 어렵다. 이 기술은 5%이상의 잔류용제가 있을 시, 적용가능하다. 잔류 용제 정도가 1% 수준이라면 정확성이 매우 떨어진다. 점도는 고형분의 함량에 영향을 받으므로 용제가 존재할 경우 점도를 기입할 때, 정해진 조건 하 측정된 고형분 함량을 표시해야 한다.

광개시제, 특히 벤조 페논, TPGDA와 같은 비교적 저분자량의 반응성 희석제 경우 휘발성이 높아 잘못된 결과를 나타낼 수 있다. 실제로 다른 곳에서 언급했듯이, VOC에 대한 테스트는 켈리포니아의 UV 경화 배합에 문제를 일으켰다. 이러한 손실은 ASTM 방법 하에서 약 10% 정도 오차가 나올 수 있기 때문에 UV 경화성 시스템에서는 이용하기 어렵다.

이러한 휘발성 물질이 있는 배합은 오차의 원인이 될 수 있으며 재현성 있는 결과를 보장하기 위해선 오븐의 온도나 오븐에 있는 시간 등을 엄격히 준수해야 한다. 일반적으로 개발연구소는 품질관리 실험실이 사용할 조건을 최적화시키며 시험 중인 다른 시스템의 특성 혹은 성능등을 고려한다.

보다 어려운 측정은 원료의 잔류 용매량이다. 반응성 희석제는 일반적으로 용액으로 제조된다. 주로 탄화수소 특히 톨루엔이 사용되며 제조과정 마지막에 제거된다. 제조업체가 기술향상 시킴에 따라 매년 잔류 용매의 농도가 줄어들기는 하지만 용매를 모두 제거하는 것은 불가능하다. 대부분의 회사는 현재 0.1% 미만의 잔류용제를 허용한다. 이 정도 수준의 고형분 테스트는 반 휘발성 물질의 경우 의미가 없다. 잔류 용매 측정 방법은 일반적으로 GC(기체 분리분석) 혹은 IR(적외선 분광법)이다. IR 테스트 경우 다양한 용매함량의 표준 샘플을 준비하고 그 표준 샘플의 IR 스펙트럼을 얻는다. 이러한 피크들은 측정 샘플과 비교하기 위해 선택된다. 샘플을 분석해 피크 높이를 표준샘플과 비교하여 잔류하는 용제의 양을 측정한다. 더 자세히 분석하려면 피크 면적을 보지만, 품질 관리 목적으로 이러한 잔류 용제의 피크 높이가 낮으면 충분하다. 톨루엔은 방향족 탄화수소이며, 저농도에서 IR에 검출될 수 있는 강한 피크가 있다는 것도 주목할 만한 사항이다. 지방족 탄화수소가 사용되는 경우 대부분 유기분 자에 쉽게 가려지는 피크가 많아 문제가 발생한다. GC 분석을 위해 표준 과 유사하게 준비한 시험 중인 샘플과 비교한다. 다시 피크높이를 표준과 비교하여 측정한다.

3.2 비중 (밀도)

오차 허용치를 벗어난 값의 변동은 배합의 하나 이상의 구성성분들이 부분적으로 또는 완전히 배제됐다는 것을 가르키기 때문에 비중측정은 유 용한 제어수단이다. 또는 너무 많은 양이 첨가되거나 실수로 잘못된 성분 이 혼합 될 수 있다. 다른 주요용도로 도료 회사가 보통 배합에 첨가된 액체를 조절하기 위해 질량보다는 체적을 사용한다. 많은 페인트 회사가 UV 경화형 오버 프린트 바니시를 제공하면서 계량기 사용에 의한 볼륨 측정이 중요해졌다. 밀도를 결정하는 방법은 간단하고 정확해졌다.

표준 무게 컵(무게가 알려진 컵)에 넘쳐 흐를 정도로 채운다. 상부에는 과량의 유체가 빠져 나갈 수 있는 구멍이 중앙에 있다. 구멍을 통해 초과 한 시료를 제거하고 무게를 측정한다. 일반적인 컵의 용량은 100ml이며, 그램 단위의 질량은 단순히 100으로 나눠 비중을 g/ml 또는 kg/l로 표시 한다.

밀도는 이 매개 변수에 민감하기 때문에 온도를 잘 확인해야 한다.

비중에 대한 또 다른 용도는 마일리지 계산에 있다. 즉 1리터의 페인트 로 얼마나 많은 표면적을 덮을 수 있는지를 알 수 있다. 락카의 코팅 중 량은 일반적으로 g/m^2로 표시된다. 따라서 비중을 1000배로 하며, 이 수 치를 코팅 중량으로 나눈 결과 마일리지는 m^2/l이다.

3.3 수지의 색상

이상적인 수지는 투명하고 무색이어야 한다. 종종 'water-white'라 불린다. 그러나 대부분 상업용 수지는 이상적인 색상을 나타내지 못하며 황갈색에서 황색 또는 금색을 나타낸다. 색상을 결정하는 가장 쉬운 방법은 시험 물질의 색상과 표준 물질 색상을 비교하는 것이다. 이러한 시험을 또 다른 수지의 지표이다. 다양한 표준세트를 사용할 수 있으며, 일부는 매우 낮은 색상에 더 적합하고 다른 색상은 어두운 색상에 더 적합하다. UV 및 EB 경화성 예비 중합체, 반응성 희석제에 모두 적용가능한 세가지 색상 스케일이 있다(가드너, PRS, 해이즌(APHA)). 다른 방법은 분광 광도계에 의존하기 때문에 비용이 들며 실행시간이 오래 걸린다. 여기에선 백금-코발트 스케일과 헌터(Hunter) 컬러 차이 방법이 포함된다.

3.3.1 가드너 색상 방법

가드너 색상은 올리고머 및 단량체 공급자가 보편적으로 사용한다. 일반적이 테스트에는 4 가지 색상의 무기염 용액이 필요하다. 다양한 비율로 이 용액을 혼합하여 18 가지 표준을 만들 수 있으며, 각 표준에 대한 정확한 양은 표 3.1에 나와있다.

표 3.1 가드너 표준 컬러 참고 솔루션

가드너 컬러 표준 넘버	색도 좌표	y	염화 백금 칼륨 g/1000ml 의 0.1 N HCl	철-코발트 용액 염화 제 2철 용액 ml	염화 코발트 용액 ml	염산 용액 ml	중 크롬산 칼륨 g/100ml 황산
1	0.3190	0.3271	0.550				0.0039
2	0.3241	0.3344	0.865				0.0048
3	0.3315	0.3456	1.330				0.0071
4	0.3433	0.3632	2.080				0.0112

5	0.3578	0.3820	3.035				0.0205
6	0.3750	0.4047	4.225				0.0322
7	0.4022	0.4360	6.400				0.0384
8	0.4179	0.4535	7.900				0.0515
9	0.4338	0.4648		3.8	3.0	93.2	0.0780
10	0.4490	0.4775		5.1	3.6	91.3	0.164
11	0.4836	0.4805		7.5	5.3	87.2	0.250
12	0.5084	0.4639		10.8	7.6	81.6	0.380
13	0.5395	0.4451		16.6	10.0	73.4	0.572
14	0.5654	0.4295		22.2	13.3	64.5	0.763
15	0.5870	0.4112		29.4	17.6	53.0	1.044
16	0.6060	0.3933		37.8	22.8	39.4	1.280
17	0.6275	0.3725		51.3	25.6	23.1	2.220
18	0.6475	0.3525		100.0	0.0	0.0	3.00

밝은 색상의 경우 0.1M HCl중 칼륨 클로로 백금산염 용액을 선택한다. 더 어두운 색상의 경우, 염화 제2철, 염화 코발트 및 염산의 혼합물이 적절하다. 염화 제2철 용액은 FeCl$_3$.6H$_2$O 5중량비 및 염산(SG 1.19)과 이전 비율에 1:17로 구성된 물의 1.2 중량비로 제조된다. 색상은 100ml 황산(SG 1.84)중에 중크롬산 칼륨(3g)으로 만든 용액과 같아야 한다. 염화 코발트 용액은 염화 코발트 6 수화물 1중량비 와 상기언급 된 염산 혼합물 3중량비로 구성된다.

염화 백금, 염화 코발트 용액은 영구적이며 황색 중 중크롬산 칼륨의 용액 이전에 보정이 된 경우 사용한다.

원래 시험은 길이 112mm, 직경 10.75mm의 가드너 홀트(Gardner Holdt) 튜브에 앞서 설명한 샘플 또는 표준 물질을 채운다. 시료의 색을 표준 용액과 색과 비교하며, 가장 가까운 색에 따라 1~18의 번호를 부여한다. 그러나 시간이 소모가 크기 때문에 다른 접근 방식이 생겼다. 가드너 홀트 색상에 해당되는 표준 컬러는 콤퍼레이터 디스크로 대체되었다. 디스크 주위에 서로 다른 가드너 색상들이 플라스틱 원으로 구성되어 있다. 튜브와 플라스틱 원은 언제든지 볼 수 있으며, 시험 용액 튜브는 비교기 상자에 넣고 디스크를 회전시키며 테스트 액체와 가장 근접한 색을 찾는다.

만일 두원의 중간에 있을 경우 어두운 쪽에 마이너스를 붙이거나(예 G2-) 범위로 표현하거나 G1-2, 플러스(G2+)를 붙여 표시한다. 각 디스크에는 다양한 색상이 있으며 쉽게 교체 가능하다. 색상 평가의 문제점 중 하나는 적색이다. 색상은 낮게 측정 되는데 육안으로는 어둡게 보일 수 있기 때문이다. 이것은 색조의 결과다.

가드너 디스크 외에도 PRS 와 헤이즌 디스크가 있다. 헤이즌 장치는 매우 낮은 색상에 사용되며 더 정교한 테스트 장비가 필요하다. 일부는 셀락 기반 색상을 사용한다. 일반적으로 헤이즌은 주로 50~70 헤이즌의 범위로 사용되며 50~75 사이의 색상 차이점은 보통 사람이 감지하기 어렵다. 대부분 반응성 희석제는 150 헤이즌 이하 색을 띄며, 예비 중합체 경우 2G(400 헤이즌)이하이다. 디스크가 도입되기 전에 헤이즌 방식은 1.245g의 칼륨 염화 백금의 스트로크 용액과 100ml의 HCl을 물 1와 함께 제조하여 사용했다. 물의 양을 조절하며 원액을 희석하여 1~500사이 표준을 만든다.

3.3.2 백금 코발트 방법

이 색상 평가 방법은 UV/Vis 분광기를 이용하여 저장 용액이 특정 허용오차 내에서 4가지 특정 파장에서 흡광도를 가지게 한다. 이 저장 용액을 네슬러(Nessler) 튜브에 물 100ml와 같은 부피로 넣는다. 원액은 1.245g의 염화 백금산 칼륨(K_2PtCl_6)과 1.0g의 염화 코발트($CoCl_26H_2O$)를 물에 녹여 만든다. 염산(sp.gr.1:19)(100ml)을 저장 용액에 첨가한 다음 물을 첨가하여 1리터로 만든다. 저장 용액의 흡광도를 표 3.2에 나타내었고, 비교 용액을 구성하는데 사용된 양을 표 3.3에 나타냈다.

표 3.2 백금 코발드 저장 용액의 흡수량

파장(nm)	흡광도
430	0.110~0.120
455	0.130~0.145
480	0.105~0.120
510	0.055~0.065

표 3.3 비교 용액을 만들기 위해 필요한 수량

색상 표준 번호	저장 용액 mL	색상 표준 번호	저장 용액 mL
5	1	70	14
10	2	100	20
15	3	150	30
20	4	200	40
25	5	250	50
30	6	300	60
35	7	350	70
40	8	400	80
50	10	450	90
60	12	500	100

3.3.3 헌터랩(Hunterlab) 색상 차이 측정기 방법

곡면의 정확한 색상은 세가지 매개 변수로 설명할 수 있다; L, a, b

L은 명도 또는 회색(Greyness)의 척도이며, a는 색상의 빨간색-녹색 구성 요소에서 크로마토 그래피 차이를 측정하며, b는 색상의 노란색-파란색 구성 요소에서 크로마토 그래피 차이를 측정한다. 네 번째 매개 변수인 E 는 표본과 물 사이의 L,a,b의 모든 차이로부터 계산된다. 헌터랩 색상 차 이 측정기는 이러한 모든 매개 변수를 측정할 수 있다. 처음에 10cm 광 경로가 있는 두 튜브가 물로 채워져 장비의 영점이 잡혀진다. 그런 다음 한 개의 튜브에 샘플을 다시 채운다. L($\triangle$L), a($\triangle$a), b($\triangle$b)의 변화가 시 료와 물 사이에 측정되어 기록된다. E는 다음에 의해 주어진다:

$$\Delta E = \sqrt{(\Delta L)^2 + (\Delta a)^2 + (\Delta b)^2} \tag{7}$$

따라서 이 장비로 색상의 정량적 평가가 가능하며 품질 관리는 생산 단계의 결과를 표준 품질의 결과와 비교 할 수 있다. 사전 결정된 오차를 벗어나는 변동은 추가 처리가 필요함을 의미한다.

표 3.4 표준 HAZEN 저장 용액의 구성요소

색상 표준 No.	NO. 500 표준 mL	물 mL	색상 표준 No.	NO. 500 표준 mL	물 mL
1	0.2	99.8	70	14.0	86.0
3	0.6	99.4	80	16.0	84.0
5	1.0	99.0	90	18.0	82.0
10	2.0	98.0	100	20.0	80.0
15	3.0	97.0	120	24.0	76.0
18	3.6	96.4	140	28.0	72.0
20	4.0	96.0	160	32.0	68.0
25	5.0	95.0	180	36.0	64.0
30	6.0	94.0	200	40.0	60.0
40	8.0	92.0	300	60.0	40.0
50	10.0	90.0	400	80.0	20.0
60	12.0	88.0	500	100.0	0.0

모노머 및 올리고머 특성

4.1 굴절율

물질의 고유 특성은 성분의 변화에 매우 민감하다. 이러한 이유로 품질 관리에 적용이 가능하다. 굴절율의 측정은 바우슈(Bausch)와 롬(Lomb) 정밀 굴절계로 임계각 방법을 사용한다. 단색광, 일반적으로 나트륨 D선을 사용하며, 일정한 온도에서 실험을 수행을 위해 항온조에서 사용한다.

4.2 화학적 기능성 습식 기술

작용기 그룹들은 유기 화합물이 어떻게 반응하는지 결정하고,분석 기술이 발전하기 전까지는 화학 작용에 의존하는 다양한 습식 시험으로 분석하였다. 측정기술이나 도구가 발전한 오늘날에도 동일한 습식 화학을 사용하여 계측을 교정하는 경우도 빈번하게 있다.

아크릴레이트는주로 올리고머주사슬에 부착된 에폭사이드와수산기를 갖는 아크릴산의에스터화 반응에 의해 만들어진다. 따라서 산 농도를 측정하여 반응 정도를 확인 할 수 있다. 이러한 반응이 100% 끝나는 것은 드

물기 때문에최종 산가가 그 범위를 정량적으로 측정한다. 잔여 산은 일부 기질에 부식성이 있으며, 이는 완전히 제거하는 것이 필요하다. 자유 아크릴산은 피부와 눈에 매우 자극적이므로 아크릴산이 남아있다면 그것을 사용자에게 알려줘야 하며 측정 되야한다. 반면, 높은 산가 값은 일부 접착이 어려운 기판에 접착력을 높여 주기 때문에 상황에 따라 적절한 조절이 필요하다. 꼭 산가가 높다고 해서 자유 아크릴산이많다는 것을 의미하는 것은 아니다. 예비 중합체에 산 그룹을 도입하는 것이 가능하며, 일반적으로 올리고머에할당된 것은 유해하지는 않다.

산, 이소시아네이트, 에폭사이드를 포함하는 다양한 화합물과 반응 할수 있기 때문에 수산기수는 종종 언급되는 값이다. 작용기도 역시 많을수록 접착력을 향상시킨다.

불포화 양은 코팅에서 가교 결합이 가능한 이중 결합수측정치이다. 그러나 그 시험 결과는 신뢰성이 떨어진다.

우레탄 아크릴레이트의 제조공정에서 이소시아네이트는 수산기와 반응한다. 그래서 남아있는이소시아네이트기 농도를 측정하는 방법이 필요하다. 많은 UV 배합은 에폭시아크릴레이트를포함하고 있다. 에폭시 그룹은 자극적 물질로 간주되기 때문에 농도를 최소화 할 필요가 있다. 에폭시 값은 반응하지 않은 에폭시기의 양을 나타낸다. 대부분의 습식방법은 mgKOH/g 단위를 표준으로 적용하며, 코팅 업계 입문자 또는작업방법을 알지 못하는 알지 못하는 배합자에게 원리를 설명하기 위해서 간단한 설명이 이뤄진다.

수산화 칼륨의 분자량은 56.1이다.모든 값은 수지 또는 재료의 56,100mg KOH/g에 대한 당량 값과 관련된다.분자의 분자량 및 작용기 수에 대한 인지는 단위에 대한 이론적 계산이 가능하게 한다. 몇가지 예가 있다.

아크릴산은 분자당 하나의 산 작용기 그리고 약 72의 분자량 값을 갖는다.따라서 순도있는 아크릴 산의 산가는 56,100/72 = 779 mg KOH/g이다. 이 값의 편차가 존재한다면 불순물이 있다는 것을 가르킨다.이 물질의 측정된 산가의 정보를 사용하여 존재하는 산가 값을 계산하는 것이 가능하다.제품의 산가가 10 mgKOH/g인 경우, 제품은 제품 1그램 당 아크릴산 10/779g당량을 갖는다.

　분자량 192의 트리 프로필렌글리콜(TPG),수산기가 2관능인 물질과 같은 다관능제품을 고려해야한다. TPG의 수산기 값은 TPG의 (56,000 / 192) X 2 = 584 mgKOH/g이다. 미반응된수산기 양은 아크릴산과 유사한 계산에 의해서 얻을 수 있지만 TPG의 2관능기 때문에 동일하게 사용할 수 없다.밑의식은 관능기 그리고 분자량을 관련하여 사용된다.

mgKOH/g 값 = (56,100 / 분자량) x 그룹 관능기

$$\text{잔류 그룹} = \frac{\text{물질의 mgKOH/g 단위값}}{\text{순수 물질의 mgKOH/g 값}}$$

4.3 산가

　산가 1g의 시료에 대하여 산을 중화시키는데 필요한 수산화 칼륨의밀리그램으로 표시한다. 산가는 적합한 용제에 일정 중량의 샘플을 녹여 0.1M 수산화칼륨으로 적정하여 얻어지며, 지시약으로는 페놀프탈레인을 사용한다. 종결 시점은 용액이 분홍색으로 변하는 시점으로 결정된다. 시료에서 공시료의 결과값을 뺀다. 산가는 다음 식에 의해 계산된다.

$$AV = \frac{(A-B)M \times 56.1}{W} \qquad\qquad (\text{식 4.1})$$

A = 샘플을 cm^3 단위로 중화시키는데 필요한 KOH 용액 적정량.
B = cm^3 단위로 공시료를 중화하는데 필요한 KOH 용액 적정량.
M = KOH 몰 농도.
W = 사용된 시료의 무게 (그램)

예를 들어 아크릴산의 경우, KOH의 몰 농도가 정확히 0.0995M이고 시료의 정확한 중량이 1.0926g, 실제 적정치는 146ml, 공시료는 4ml라고 했을 때, 식 4.1에 이들 값을 대입하면 (146-4)0.0995 x 56.1 = 725.46이 된다. 아크릴산이 100% 순도라면, 779의 값이 된다.

$$\frac{725.46}{779} \times 100 = 93\%$$

실제로, 용매는 사전 중화되고 계산은 KOH, 56.1의 몰농도를 고려한 계수를 사용하면 계산이 간편화된다.

$$AV = \frac{적정\ 샘플 \times 팩터}{샘플\ 무게} \qquad (식\ 4.2)$$

용매 또는 희석제가 존재한다면, 2가지 산가를 갖는 것이 가능하다. 용제 또는 희석제가 존재한다면 2가지 산가를 갖는 것이 가능하다. 첫 번째는 용액에 관련된 것이며, 두 번째는 제품에 관련된 것이다. 염기가는 용액의 고형분 함량을 적용하여 파생된다.

$$염기\ AV = \frac{용액\ AV}{비\ 휘발성\ 성분} \qquad (식\ 4.3)$$

4.4 수산기값

수산기값은 시료 1g의 수산기 함량에 해당되는 수산화 칼륨의 밀리그램 수로 정의된다. 이를 결정하는 세가지 방법이 있지만, 이 방법들은 모두 수산기그룹이무수물과의 반응에의존한다. ASTM D2849의 방법 A가 실례로 제공된다.

아세틸화 시약(피리딘 1000ml 중 무수아세트산 127ml) 20ml를 4개의 압력 용기에 넣고, 4개 중 2개에 표준 시료를 넣는다. 이어서 병을 마개로 막고 2시간 동안 98℃에서 보관하여 에스테르화를 일으킨다. 완료되면 병은 냉각되고 압력을 낮추기 위해 마개를 분리한다. 남아있는 산은 분홍색으로 변할 때까지 페놀프탈레인 지시약을 사용하여 0.5M 수산화 나트륨으로 즉시 적정한다. 수산화 칼륨과 동일 몰수인 수산화 나트륨은 수산화 칼륨의 몰수와 같은 잔류 산과 반응 할 것이다.수산화 나트륨을 사용해도 56.1을 곱함으로 최종 방정식에 적용된다.

샘플에 산가가 있거나 염기가 많이 포함된 경우 보정이 필요하다. 이는 시료 용액이 페놀프탈레인을분홍색으로 변하게 하는지 투명인지에 따라 0.1M NaOH 혹은 HCl 시료를 적정한다. 산 보정은 식 4.1로부터 계산이 된다. 알칼리 보정이 필요한 경우 HCl을 사용하여 적정점을 지나 서 1ml 정도 추가적정을 하고 후에 NaOH로 다시 적정한다. 샘플에첨가됐던 동일 정량의 HCl을 포함한 공시료도동일하게Naoh로 적정된다.

$$\text{알칼리도 교정} = \frac{(B-A)M \times 56.1}{W} \qquad (식\ 4.4)$$

B= 블랭크를 중화시키기 위한 NaOH 적정

A= 샘플을 중화시키기 위한 NaOH 적정

W= 샘플의 무게

m= NaOH 몰농도

$$\text{수산기 수} = \frac{(T-S)M \times 56.1}{W} \qquad (식\ 4.5)$$

T= 아세틸화 블랭크를 중화시키는데 필요한 NaOH

S= 아세틸화 샘플을 중화시키는데 필요한 NaOH

m= NaOH 몰농도

W= 샘플의 무게

$$수산기 \ 수(교정) = OH수 + 산 \ 교정 \qquad\qquad (식 \ 4.6)$$

$$수산기 \ 수(교정) = OH수 - 알칼리도 \ 교정 \qquad\qquad (식 \ 4.7)$$

다른 방법으론 과염소산과 활성 무수 아세트산 용액을 사용하여 실온에 서 아세틸화를 할 수 있다. 이것은 250ml 용량 플라스크로 제조되며, 에 틸아세테이트(150ml)가 초기에 첨가되며, 그 이후에 70% 과염소산(1.2g) 을 첨가한다.

소량의 무수 아세트산(8ml)을 플라스크에 피펫을 이용하여 첨가한다. 첨 가 도중 플라스크를 식힌 후 얼음으로 30분간 저온(5℃)으로 유지한다. 이어서, 무수 아세트산(42ml)을 첨가되고, 생성된 용액을 에틸 아세테이트 로 250ml로 만든다.

수지(5~7g)를 원뿔형플라스크에 넣고 에틸 아세테이트(5ml)에 용해시킨 다. 아세틸화 용액(5ml)을 시료 용액에 피펫으로 첨가하고 그 혼합물을 15 분간 방치한다. 최소 시간 경과 후, 증류수(2~3ml)와피리딘(10ml)을 첨가 된다.그리고 이 혼합물은 15분 동안 방치한다.

최종 용액은 페놀프탈레인 지시약을 사용하면서표준화된 0.5M 수산화 칼륨으로적정한다.공시료는 샘플 없이 진행한다.

수산기 값은 이방정식으로부터 다시 구할 수 있다.

$$수산기 \ 수 = \frac{(T-S)M \times 56.1}{W} \qquad\qquad (식 \ 4.8)$$

다른 방법으로는적외선 측정으로 수산기값을 얻을 수 있다.

4.5 불포화

불포화를 정량화 방법으로는 두가지가 있다. 첫번째 이중 결합을 아세트산 수은의 이중 결합과 메탄올과 반응시켜 아세톡시 수은 메톡시(acetoxy mercuric methoxy) 화합물과 아세트산을 생성한다. 아세트산의 양은 KOH에 의한 적정으로 측정되며, NaBr은 과량의 아세트산 수은을 제거하기 위해 첨가된다.

두번째 방법은 요오드를 사용하는 것이다. 요오드는 이중 결합쪽으로 첨가된다.

두 방법 모두 카르보닐기의 컨쥬게이션(conjugation)에 영향을 받는데, 광경화 시스템은 탄소 이중결합이 카르보닐기와컨쥬게이션되는 아크릴레이트를 기반으로 하기 때문에 이 시스템에 적용하면 결과가 정확하지 않다. 그래서 IR 측정이 유일한 신뢰성 있는 시험 방법이다.

이것은 9장에서 더 자세하게 기술된다.

4.6 이소시아네이트 값

우레탄 아크릴레이트는 적절한 디이소시아네이트를폴리올과 반응시켜 제조되며, 이 구조는 바람직한 최종 특성관 관계된다. 다른 모든 화학 공정과 마찬가지로 반응이 언제 완료가 되는지 알 필요가 있다. 이것은 남아있는 이소시아네이트 그룹의 백분율을 측정함으로써 알 수 있다.다음 방법은 ASTM D2572-87에 근거하지만 각 수지 제조 회사에 따라 방법이 다르다.

상기 방법 이외 디-노말부틸아민과이소시아네이트기 사이의 반응을 이용하기도 한다.

반응은 상온에서 일어나지만 속도를 높이기 위해 약간의 열을 준다. 과량의 아민이 필요하며 나머지는 염산으로 적정하여 이소시아네이트 비율을 얻을 수 있다.

디이소시아네이트는 피부 자극제로 알려져 있으며 호흡기에 유해하다.

측정시 통풍이 잘되며, 안전에 주의하며 진행해야 한다.

약 1.1 밀리 당량의이소시아네이트를 함유한 수지 시료는 원추형 플라스크에 정확히 첨가되어야만 한다. 예를 들면, 톨루엔디이소시아네이트(TDI)분자 양쪽 끝에 결합된 트리 프로필렌글리콜(TPG)640g은 2당량을 함유하므로 0.32g는 1밀리 당량을 함유한다.

드라이(dry) 톨루엔(25ml)을 첨가하고 혼합물을 샘플과 교반하여 용해시킨다. 샘플이 톨루엔에 불용성이면 아세톤을 혼합물에 첨가할 수 있다. 수분이 이소시아네이트 작용기와 빠르게 반응 할수있기 때문에습기의 유입을 막기 위해 플라스크를 밀봉시켜야 한다.

톨루엔(정확히 25ml)에 디노말부틸아민 0.1N 용액을 피펫을 사용해서 첨가한다. 그리고 플라스크를 재밀봉한다. 이어서, 반응을 완전히 진행하기 위해 15분 동안 교반시킨다.

용액을 이소프로필 알코올(100ml)로 희석하고 브로모 페놀 지시약 4~6 방울을 첨가한다. 생성된 혼합물은 색상이 청색에서 황색으로 될 때까지 약 0.1N 염산으로적정한다.

공시료는샘플이 생략된 위의 과정과 같이 실행한다.

이소시아네이트 함량은 다음으로부터 백분율로 계산된다.

$$NCO \% = \frac{(B-V) \times N \times 0.042}{W} \times 100 \qquad (식 4.9)$$

B= 블랭크 적정에 사용한 HCl 부피

V= 샘플 적정에 사용한 HCl 부피

N= 중화 HCl

W= 샘플의 무게

0.042= NCO 그룹의 밀리 당량

표면 코팅 업계에서 일어나는 대부분 반응과 마찬가지로 우레탄 아크릴레이트 제조는 너무 오래 걸리기 때문에 완료가 불가능하므로 특정 이소시아네이트 값에 도달할 때, 반응이 정상적으로 중단된다. 미반응단량체디이소시아네이트는 GC로 감지되며, 그리고나서 정량화된다.

IR에서 N=C 결합의 피크는 2230cm^{-1}에 나오므로 잔류 이소시아네이트 그룹을 측정할 수 있다. 스펙트럼은 위의 습식 기술을 이용하여 보정해야 한다.

반응이 중단된 후에 잔류하는 이소시아네이트기는 공기중 수분과 천천히 반응하며, 이는 IR 분석으로 모니터링 할 수 있다.

4.7 에폭시값

에폭시 수지에 있는에폭시기수와 전반적인 농도를 나타내는 용어는 많이 있으며,공급업자들과에폭시 수지를 사용하는 사람들은 본질적으로 같은 용어를 다르게 사용하기도 한다.용어로는에폭시당량(EEW), 에폭시분자량(EMM), 에폭시 단위당 중량(WPE)이 있다.에폭시값을 측정하기 위한흔히 사용되는 다양한 방법이 있다. EEW를 얻으려면,다음 식에 의해 에폭시 수지(mgKOH/g)에 대한 값과 연관시켜야 한다.

$$에폭시\ 값\ =\ 56,100/EEW\ \ mgKOH/g$$

보통글리시딜 그룹에서 발견되는 1,2조의 에폭시드 그룹의 끝은 브롬화 수소에 의해 개환될 수 있으며 이 후 반응이 완료된다. 이 산은 과염소산($HClO_4$)과 테트라 에틸 암모늄 브로마이드(TEAB)(NEt_4Br)의 반응에 의해 현장에서 생성된다.모든 에폭시 그룹이 개환 될때, 형성된 과량의 브롬화 수소는 크리스탈 바이올렛 지시약 등과 반응하여 파란색에서 녹색으로 색상이 바뀐다.

사용된 시약은 다음과 같다.

ⅰ) 빙초산에0.1N과염소산을 넣는데,60%과염소산 13m을 넣고 빙초산을 추가적으로 넣어 1L로 만든다. 처음 아세트산 250ml를 사용하고 50ml의 무수 아세트산을 첨가하여과염소산으로부터 나온 물과 반응시킨다. 그 과정은 8시간정도 걸린다.

ⅱ) TEAB(100g)을 빙초산(400ml)에 용해 시킨다.

ⅲ) 크리스탈 바이올렛 0.1% 지시약 용액.

시험 전에 과염소산 용액(ⅰ)을 표준화 해야한다. 이는 빙초산(50ml)에 칼륨산프탈레이트(potassium acid phthalate)(0.4g)를 사용하면 된다. 지시약은 약 6방울로 사용된다. 교반은 통상적으로 자기 교반 막대 및 교반기를 사용하며 용액은 2분 동안녹색 용액 유지될 때까지 과염소산에적정된다.

N은 다음과 같이 주어진다.

$$N = \frac{W \times 1000}{204.2 \times A}$$ (식 4.10)

W= 샘플의 무게

A= 적정 부피

추가로 과염소산은메틸렌클로라이드(10ml)에 용해된 비스페놀A(DGEBA)(0.4g)의 디글리시딜 에테르로 적정한다. 적정전에 TEAB 용액(10ml)은 지시약 6방울과 함께 첨가한다.

$$N = \frac{W \times 1000}{C \times A}$$ (식 4.11)

C= 표준 DGEBA의 일반적인 EEW는 170.6

모든 시험 장치는 청결하게 유지하며, 특히 완전하게 건조 해야된다. 샘플 크기는 예상 EEW에 따라 달라진다.

시험 절차는 이제 두번째 표준화 방법과 유사하다. 즉 시료는원뿔형 플라스크에 정확하게 측량되고 메틸렌클로라이드(10~15ml)도 첨가한다.

샘플은 교반시켜 용해시킨다. TEAB(10ml)를첨가하고 지시약 6방울 넣는다. 혼합물을 과염소산으로 적정한다.

EEW는 다음과 같이 주어진다.

EEW의 대략적인 값	샘플 크기 (g)
170-135	0.4
375-600	0.6
600-1000	0.8
1000-1500	1.3
1500-2000	1.8
2000-2500	2.3

모든 매개변수는 이전 장에 정의되었다.

$$EEW = \frac{W \times 1000}{A \times N}$$

(식 4.12)

아민과다른 기본물질들은 무수물의존재 여부와 같이 결과에 영향을 미칠 것이다.

안료 시험

5.1 안료 시험

이번 장에서는 시험에 필요한 안료의 특성들을 간략히 언급된다. 보다 광범위한 안료의 취급을 위해 SITA에서 Dr. J. Sanders의 시바 게이지(Ciba Geigy) 인쇄 잉크용 안료에 관하여 발행했다.

5.1.1 내광성

빛은 안료를 표백시킬 수 있지만 일부는 다른 것보다 빛에 민감하며, 이는 안료 본연의 화학적 특성이다.

일광, 표백 또는 다른 상호 작용의 효과는 오랜 기간에 걸쳐 발생한다. 따라서 시험이 단순 햇빛에만 노출시키는 것이라면, 상당히 오랜 시간이 걸릴 것이다. 짧은 시간에 걸쳐 결과를 얻거나, 작업을 신속히 하기 위해서는 가속화 시험이 필요하다. 이는 샘플에 도달하는 UV 광량을 줄여주기 위해 삽입된 필터를 갖는 크세논 아크 램프에 안료가 함유된 인쇄물을 노출시키는 형태로 진행된다. 습도 역시 영향인자를 가지고 있기 때문에 특별히 설계된 장치에서 통제된다.

청색 울 스케일(Blue Wool Scale)은 자주 시험 정량화 하는데 사용된다. 다른 파랑색 염료로 염색된 8개의 울은 노출 후 색 바래짐에 따라 등급이 매겨지며, 샘플과 함께 측정된다. 샘플과 동일한 노출 시간 동안 색이 바래진 염색된 울의 번호는 내광성의 척도이며, 1은 내광성이 떨어지는 것이며, 8은 우수하다는 뜻이다.

5.1.2 내열성

금속용 잉크는 사용 용도에 따라 일정 기간 동안 인쇄 및 가열된다. 인쇄물을 비가열 샘플과 비교하고 강도, 색조 및 밝기의 변화를 기록한다.

5.1.3 내알칼리성

희석된 수산화 나트륨을 사용한 인쇄물은 줄무늬가 생길 수 있으며, 건조시켜 줄무늬를 검사한다. 또는 인쇄물을 묽은 수산화 나트륨을 묻힌 여과지 사이에 끼울 수 있다. 일정 시간이 지나면 용지를 꺼내고 건조시킨다. 얼룩의 정도는 그레이 스케일(Gray scale)로 측정한다.

아민은 광 경화 오버 프린트 바니시에 포함되는 염기며 표면 경화 및 접착을 돕는다. 그러나 아민은 알칼리에 민감한 안료를 공격하기도 한다. 그래서 이 시험은 영향이 얼마나 상당한지 아닌지를 모니터링 하기 위해 고안됐다. 아민을 함유한 바니시로 의도된 기판을 코팅하는 것 또한 포함한다. 열에 대한 노출(45℃)은 안료가 민감한 경우 빠르게 변색을 야기할 수 있다.

5.1.4 내산성

이 시험은 내알칼리성 시험과 유사하지만 수산화 나트륨이 산으로 대체된다.

5.1.5 내왁스성

왁스는 식품 포장용 보드에 많이 사용된다. 인쇄물은 파라핀 왁스에 5분 동안 담그며, 인쇄물 가장자리가 담기게 해야한다. 그 여백과 왁스는 변색 여부를 검사할 수 있다.

5.1.6 동결 저항(Deep Freeze Resistance)

동결 포장 인쇄물의 가장 가혹한 조건은 해동 될 때 발생한다. 이런 이유로 시험은 수중에서 진행한다. 인쇄물은 안료의 직접적인 측정이 불가능하기 때문에 표준 배합이 사용되어야만 한다. 인쇄물을 물 위에 놓고 뚜껑을 덮어 1~5 시간 동안 담궈 놓는다. 그런 다음 인쇄물을 손으로 10번 구부리고 흡착지로 건조한 후 5% 이상 제거되지 않아야 한다. 두 번째로 접착 테이프로 검사 할 때 역시 5% 이상 제거되지 않아야 한다.

5.1.7 블리딩(Bleeding)

일부 안료는 잉크에 남아있지 않고 용제에 용해되기를 선호한다. 인쇄물에 용매나 단량체를 떨어뜨린 후 지정된 시간이 지나고나서 증발 또는 제거 후 인쇄물의 변화를 확인한다.

배합제품 물성

6.1 분산

착색된 도료 및 잉크를 제조하기 위해 안료가 수지에 참가된다. 이 때 미세 고상입자는 큰 덩어리의 형태로 응집된다. 이러한 덩어리는 미세 성분으로 분해되며, 매체에 고르게 분산된다. 흔히 밀이라고 알려진 기계를 사용하며, 이런 과정을 분산 또는 그라인딩(grinding)이라 한다. 종종, 수지가 안료 입자를 완전히 둘러싸도록 소량의 표면 활성제를 첨가한다. 이러한 첨가제들은 분산제로 알려져 있다.

의도된 필름 두께보다 훨씬 작은 입자 크기로 분해되지 않은 응집체는 필름 밖으로 돌출되며, 그러한 응집체의 수가 많을 수록, 특히 매트 효과를 야기한다. 또 다른 것으로는 하나 혹은 두 개의 큰 집합체는 그 필름의 외관의 질을 떨어뜨리며, 더 나아가 분산은 잘 될 수록 색 개발이 좋음을 의미한다.

안료가 충분히 잘 분산되어 있는지 확인하기 위해 분쇄 게이지가 사용된다. 분쇄 게이지는 채널이 구별 되어있는 강철 블록으로 구성된다. 채널은 일반적으로 100 마이크론 깊이에서 시작하여 블록 길이를 따라 0 마이크론으로 균일하게 줄어든다.

여러 제조사는 자체 길이로 채널 길이를 표시한다. 예를 들어, 일부는 정확한 깊이를 마이크론 단위로 제공하고, 다른 단위는 0에서 10까지 비율로 생성한다.(0은 100 마이크론과 같다.) 유명한 저울 중 하나로 0에서 8까지 등급이 매겨진 헤그만 저울이 있다.

헤그맨(Hegman)의 경우 0~8로 등급이 정해져 있다. 실제로 헤그맨이라는 이름은 아주 보편적이며, 분쇄 게이지는 때때로 헤그맨 게이지로 알려져 있다. 페인트 또는 잉크 공장에서 두 가지 유형 이상의 게이지가 사용될 경우 혼동을 야기할 수 있다. 그래서 제어 목적으로 판독 값을 지정할 때 주의를 해야만 한다.

이 테스트는 작동하기 쉬운 시험 방법 중 하나다. 코팅 샘플은 100 마이크론 표식 주변의 채널 상단에 위치시키고, 균일한 직선 모서리를 갖는 날로 양손을 사용하여 바닥쪽 또는 채널 끝단으로 액체를 당겨주게 된다. 따라서 배합물은 채널의 따라서 펼쳐 진다. 입자가 채널의 깊이 보다 크면, 입자는 페인트를 통해 끌어당겨지면서 명확한 선을 남긴다. 페인트가 라인으로 흘러 들어가기 때문에 평가는 즉시 계량되어야만 한다. 페인트가 명확한 반점패턴을 나타내는 것은 분쇄가 잘 됐음을 의미한다. 기포는 잘못된 결과를 초래할 수 있다. 분쇄 정도가 사용 중인 건조 필름두께보다 더 좋으면 시료가 통과로 간주된다. 불합격일 경우 추가 분산이 필요하다.

안료들은 진정으로 분산되지 않는다면 자기들끼리 재응집되려는 경향이 있다. 이 공정은 응집(flocculation)으로 알려져 있다. 사용되는 안료에 따라 불량한 색상과 불투명도 또는 투명도를 유발한다. 예를 들어, 프탈로시아닌 블루는 이산화티탄을 함유한 배합에 첨가될 때 응집되는 것으로 알려져 있다. 분산제는 안료 입자를 분리하여 응집을 방지한다. 응집은 단량체 또는 용매로 코팅을 희석하고 유리판에 있는 코팅을 제거함으로써 감지된다. 습윤 필름에 장갑을 낀 손가락으로 문지르면 문제되는 지역은 변색된다. 이 지역은 응집이 일어남을 알 수 있다. 특히 하나 이상의 색소가 존재할 시 더욱 그러하다.

6.2 도포 방법

경화된 필름의 특성 평가는 라인 조건하에 도포되고 경화된 제품과 유사한 방식으로 제조된 필름에서 수행되어야 한다. 작은 실험실 규모에서는 분무(spraying), 침지(dipping), 커튼(curtain) 코팅 또는 롤러 코팅이 허용 가능하지만 저점도 액체 수지의 대부분 시험은 와이어 바를 사용한 주조필름에서 행해진다. 가장 현저하게 사용하는 막대는 k막대이며, 이것은 금속 막대로 특정 직경의 와이어가 단단히 감겨져 있다. 와이어는 모양이 원통형이므로 그 사이에 간격이 있다(그림 6.1). 갭의 체적은 바가 습윤 코팅을 통해 잡아당겨질 때, 이론적으로 원하는 평평한 습식 필름 두께를 제공하도록 기재 위 일정량을 퍼뜨려야 하기 위해 계산된다.

다른 직경의 와이어는 서로 다른 크기의 갭을 생성하며 이로써 서로 높이가 다른 필름 두께를 생성한다. 표 6.1은 바의 번호에 의한 주형물의 필름 두께를 나타내고 있다.

이 기술은 코팅 산업 전반에 걸쳐 널리 상용화되었으며 대부분 만족스러운 결과가 나왔다. 그러나 특히 색소 및 충전제를 함유한 경우, 일부 배합물은 특유의 유동성을 가진다. 필름이 올바르게 흐르지 않으면 울퉁불퉁한 효과를 제공할 수 있다. 품질관리에 있어 이러한 일들이 발생한다면 매우 잘못된 일이며, 개발하는 과정에서 발생한다면 배합조정이 필요하거나 또는 최종 사용자와 연계하여 더 정밀한 도포기술 시도가 필요하다. 일반적으로 이 시점에서 배합자는 유출문제를 개선하며, 전단력, 낮은 기재 젖음성등을 고려하여 첨가제가 필요한지 아닌지를 결정할 수 있다.

표 6.1 K막대의 특정 번호에 따라 다른 습도막 두께

막대	습도막 두께(μm)
0	3
1	6
2	12
3	24
4	36
5	50
6	60
7	75
8	100

　일부 배합은 환경 문제에도 불구하고 용매를 함유하고 있다. 이 경우에는 건식필름 무게를 측정해야 하며, 적용되는 코팅의 일부분이 경화 동안 증발이 된다는 사실을 인지하고, 바는 선택되어야 한다. 작은 실험실 사이즈의 커튼(curtain) 코터, 롤러 코터 및 일부 스프레이 코터는 다양한 제조 업자들로부터 이용 가능하다. 초기 테스트가 수행될 때, 이러한 장비들은 대량생산 없이도 라인가동 경험을 얻을 수 있도록 도와줄 수 있다.

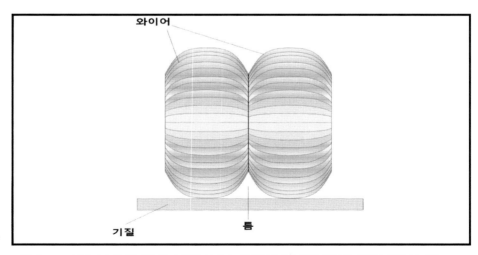

그림 6.1 16 특정 습도막 두께를 얻기 위해 부피가 계산된 막대에 감긴 와이어 사이의 틈을 보여주는 도표.

액체 상태의 샘플은 페이스트 잉크보다 도포가 쉽다. 여기서 인쇄기의 특성을 시뮬레이션 할 필요가 있다. 무게를 알고 있는 잉크를 회전하고 있는 금속 실린더에 도포한다. 잉크가 실린더에 고르게 도포될 때, 핸드 롤러로 전달된다. 이 핸드 롤러에는 잉크를 기판에 균일하게 도포하기 위해 기계적 장치가 추가될 수 있다. 이러한 원리로 흔히 사용되는 장치는 던컨 린치(Duncan Lynch)라 한다.

스크린 잉크는 K 막대 보다는 시험용 스크린을 사용하여 흔히 도포된다. 스크린 섬유의 성질과 크기는 잉크의 도포특성에 영향을 준다.

6.3 저장 안정성 (Shelf Life Stability)

아크릴레이트 올리고머와 단량체는 하이드로퀴논, 메톡시 하이드로퀴논과 같은 화합물에 의해 안정화 된다. 이러한 화합물들은 산소와 먼저 반응하여 라디칼 스캐빈저(radical scavenger) 를 생성하여 열 적으로 개시되는 바람직하지 않은 중합을 예방한다. 광 개시제와 아민배합은 안료 및 증량제가 첨가될 시 캔에서의 안정성 문제를 일으키며, 심한 경우 젤 화 또는 증점되는 현상으로 나타난다. 이와 같은 안정성이 떨어지는 문제에 대하여 조기경보를 얻는 것이 바람직하며, 이러한 문제는 열처리 공정에서 급격한 온도로 가속화한다면 발생될 수 있다. 이 방법은 잘 알려진 안정성 규제를 사용하여 실시되어야 할 필요가 있으며, 배합물이 급격한 상승온도에서 안정화되는 시간으로 상온에서의 저장안정성 수명을 재단할 수는 없다. 이러한 것은 장기간 의 테스트에서 발견될 수 있다.

ASTM 시험 D-4144에 규정된 조건은 60℃에서 오븐에서 진행한다. 투명한 락카의 경우 뚜껑이 있는 유리용기에 수지를 적당히 채운다. 헤드 스페이스의 양은 엄격히 통제되어야 한다. 산소 농도가 위에서 언급된 것과 같이 중합 반응에 영향을 끼치기 때문이다. 유리용기는 오븐에서 꺼내 상온 유지한 다음, 유리 구체를 시험중인 수지에 떨어뜨려 날마다 30°로 기울여 움직이는지 확인한다. 구체가 움직이는 마지막 일, 구체가 움직이지 못하는 첫 번째 일을 기록한다. 실온에서도 점검하지만 기간은 하루마다가 아닌 주단위로 측정한다.

안료 코팅과 잉크의 경우, 가느다란 막대로 밑부분을 면밀히 조사함에 따라 겔화를 판단함으로, 락카 선이 그어진 주석 캔을 사용한다. 6개 캔을 사용하며 시험 측정 후 2, 4, 8, 16, 32번째 날에 확인 후 폐기한다. 모든 샘플은 빛이 차단된 방에 보관되어야만 한다. 더 정량적이고 선호되는 접근법으로는 시험 중 점도(상온)를 측정하는 것이다. 통(tins)은 투명 래커와 착색된 코팅 모두에 사용할 수 있어서 재사용이 가능하다.

6.4 점성(Tack)

점성(tack), 끈적임은 잉크의 성질이며, 인쇄기의 롤러 트레인에서 발생하는 것과 같이 2개의 빠르게 분리되는 표면들 사이에서 잉크 필름이 분리되는 저항 값이다. 끈적임은 고정된 매개변수가 아닌 롤러온도, 주변온도, 롤러 속도, 잉크 양, 롤러 종류 등 기타 요인에 따라 다르다. 겉보기 점착은 표준 잉크가 장비를 보정하는데 사용될 때의 일련의 특정 조건 하얻은 값이다. 최상의 결과를 얻기 위해서는 배합자들에 의해 사용될 수 있으며, 사양 범위 내 잉크를 유지하는데 있어 품질 관리자에 의해 사용될 수 있다. 다른 말로 점착은 뚜렷하고 깨끗한 프린팅을 위해서는 어느 정도는 충분히 높아야 하며, 높지 않으면 잉크 코팅 그리고 인쇄된 종이에서 탈착이 될 수도 있다.

시중에서 이용할 수 있는 텍미터(tackmeter)는 2가지 종류가 있다. 프리롤러(free roller)와 잉크를 통해 접촉하는 구동롤러(driven roller)로 구성된다. 잉크는 프리롤러(free roller)를 회전시키기 위해 구동롤러(driven roller)

으로부터 토크를 전달한다. 첫 번째 유형은 후자에 부착된 프레임은 이 롤러가 움직이지 못하게 하는 역토크를 부여 할 수 있다. 역토크를 변화를 주기 위해 추를 움직여 행해진다. 이러한 기계의 유형을 명백하게 기계적 유형이라고 언급한다. 점성 값은 장비마다 다를 수 있지만 같은 기계에서는 일관성이 있어야만 한다.

장비의 두 번째 유형으로는 훨씬 더 작은 프리롤러에 부착된 변형 게이지(strain gauge)를 가지고 있다. 구동롤러의 속도가 증가함에 따라 변형 게이지의 스프링의 움직임을 멈추고 평형 상태가 될 때까지 구동롤러의 축은 정지위치로부터 멀리 당겨진다. 게이지에 부착된 전자 장치는 디지털 판독이 가능하며, 이러한 유형은 전자유형이라고 알려져 있다.

점성은 일반적으로 1200rpm의 롤러속도와 30~35℃의 온도에서 측정된다. 각 테스트에 사용된 잉크의 양은 주사기를 이용하여 조절되며, 판독 값이 동일 할 때까지 60초마다 측정한다.

이 기계는 또한 일반적으로 10분에 걸쳐 시간에 따른 점성증가비율을

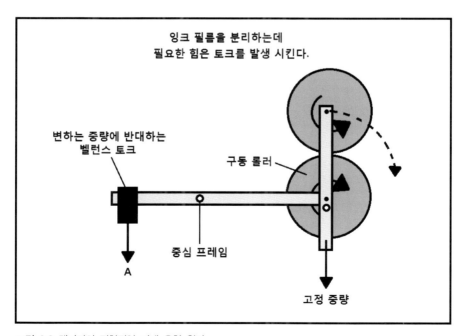

그림 6.2 택미터의 전형적인 기계 유형 원리

나타냄에 따라 인쇄물안정성을 측정하는데 사용될 수 있다. 안정성은 해당시간 동안 기록된 가장 높은 값이다. 낮은 안정성을 가진 잉크는 더 큰 변화율이 발생한다.

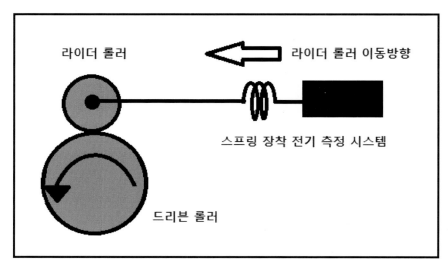

그림 6.3 텍미터의 전형적인 전자 원리

속도, 온도, 필름 두께, 롤러 접촉 압력을 다양하게 조절함에 따라 플라잉 캔 또는 미스팅에 대한 정보를 얻게 될 수 있다. 이러한 현상은 롤러 아래에 흰 종이를 매달아 1분 동안 작동속도로 장비를 작동시켜서 확인 가능하다.

6.5 압력 특성(press performance)

특정 유형의 잉크와 함께 사용하는데 설계된 많은 시험기가 있으며 인쇄 잉크 설명서에는 이러한 설명이 잘 되어있다.

6.6 색과 강도

잉크의 색상과 강도는 인쇄 품질을 결정한다. 잉크 품질 관리 시험의 주요 업무 중 하나가 잉크 색상이 요구되는 색상과 부합하는 지를 확인하는 일이다. 일반적으로 색상 매칭 장비를 사용하여 진행된다. 정교한 소프트웨어를 갖는 컴퓨터들은 색상 측정 헤드와 연결되고 색상 컴퓨터가 널리 보급되고 있으며, 자세한 내용은 제조업체에 문의해야 한다.

보다 주관적이지만 간단한 시험은 동일한 도포기를 사용하여 잉크와 표준 잉크를 적합한 기재에 동시에 적용하는 것이다. 강도는 잉크를 같은 양의 흰색 틴팅(tinting) 잉크로 희석해 인쇄하여 비교 측정한다. 검은색 잉크를 사용하여 흰색 샘플을 칠할 수 있다.

6.7 인화점

대부분 용제가 없는 광경화 시스템의 인화점은 60℃이다. 용매를 포함하면 인화점이 떨어질 수 있어 정상적인 인화점 장치로 측정한다. 이는 항온조를 사용하여 용기에 시료를 가열한다. 용기 상부의 작은 구멍은 다른 온도에서는 주기적으로 열렸다가 닫히고, 여기서 방출된 증기는 불꽃에 노출된다. 점화 되면 온도가 기록되고 구멍은 또 다시 차단된다. 인화점의 측정은 측정방법에 따라 다르다. 대표적으로 오픈형 컵 방식과 폐쇄형 컵 방식 두 가지가 존재한다.

경화 특성

7.1 일반적 철학

경화는 습윤 코팅이 UV빛에서 전자빔까지 다양한 것에 의하여 노출됨에 따라 영향을 받는다. 전자빔의 세기는 그것이 갖고 있는 전자의 수와 관련되어있다.

14장에서는 코팅이 받는 에너지를 어떻게 측정하는지 그리고 선량측정 개념에 대해서 논의한다. 이와 같은 방법론을 사용할 수 있음에도 불구하고 많은 코팅 그리고 잉크 공급업체들은 전달된 절대적 에너지보다는 경화조건을 이용한다. 경화조건의 예시로는 1회 통과 시 50m/min, 2개의 80W/cm 중압수은등으로 표기된다. 이것은 정확하지는 않지만 코팅 인쇄 관련기계 작업자에게 자재에 대한 대략적인 감을 제공하며, 그들이 자재를 수용하는 데 있어 라인조건을 잡도록 도와준다. 경화를 정의하는 방법은 라인속도의 정확한 인지로 추론하며, 그것은 오직 회전속도계의 측정값으로 얻을 수 있다. 이 장비들은 다양한 제조업자들로부터 널리 이용된다.

배합자, 도포하는 사람 또는 장비 공급업자 극복해야 하는 가장 어려운 작업 중 하나는 경화를 평가하는 것이며, 경화가 만족스러운지에 대한 여부이다. 과거의 코팅과는 달리 광경화된 것들은 미약한 경화부터 완전한 경화까지 다양한 차이가 발생할 수 있다. 과경화는 필름에 해로운 특성들을 부여할 수 있다. 따라서 습윤필름은 너무 많은 손상을 발생하지 않도록 경화하는데 필요 충분한 자외선을 받는 것이 중요하다.

광경화 분야의 100명의 사람들이 경화를 정의를 내린다면, 적어도 99개의 다른 정의를 내릴 것이다. 경화로 간주하는 것에 대하여 사람마다 완전히 다르다. 경화에 대한 근본적인 특성, 여러 광경화 적용방식에 대한 보편적인 정의는 없다. 결점을 가진 경화의 몇몇 정의의 예가 표 9에 나와있다.

표 9. 경화의 정의

정의	설명
이중결합이 모두 사라질 때.	실제론 절대 일어나지 않는다.
인쇄물이 일정 속도로 쌓일 때.	보편적으로 불가능하며 동일 라인의 제품마다 다를 수 있다.
코팅의 경도가 일정 수준을 초과할 때.	압력에 민감한 부드러운 필름이나 접착제에는 사용 할 수 없다.
손가락으로 문질러도 변형되지 않을 때	사람의 손가락 마다 힘이 다르다.
광택이 일정 수준을 초과할 때.	경화의 정도 및 많은 요인이 영향을 준다.

경화의 정의는 다양할 뿐만 아니라 필름이 적용되는 기재에 상당한 영향을 줄 수 있다.

만족스러운 경화가 성취될 수 있다면 어떠한 정의, 어떤 기재에 사용해도 용이하다. 그러나 유사하지 않은 기재 또는 같은 물질의 다른 색을 갖는 기재의 경우, 경화는 완전히 성취되지는 않을 것이다. 대부분의 기술들은 검증을 위해 그 밖에 다른 기술들에 의존하며, 테스트하는데 있어 최소 2개의 보완 기술들을 사용해야만 한다. 광경화 코팅제의 경화 정도를 측정하는데 사용될 수 있는 많은 방법들이 있다. 그 방법들은 배합자의 엄지 이외에는 장비가 필요 없는 엄지 비틀림 시험과 같은 매우 간단한 것부터 FT-IR 또는 광 DSC와 같은 비싼 분석기계를 기반으로 하는 매우 복잡한 중요기술들까지 다양하게 있다. 지난 5년동안의 두 가지 일반적 보고서가 있으며 방법들 모두를 포함하고 있지는 않지만 사용 가능한 방법들은 상당히 자세하게 기록되어있다. 반응성 작용기 그룹이 사라지는 것을 확인하는 비싼 분석장비를 사용하여 경화의 정도에 대한 정확한 정보를 얻는 것은 너무 복잡하지는 않다. 많은 경우에 특정 임계점에서 경화의 정도가 약간 증가하면 불충하게 경화된 것에서 적절하게 경화된 것으로 변화할 수 있기 때문에 실제적인 물리적 상태와 경화의 정도를 관련짓기가 어려울 수 있다. 또 다른 문제로 모든 경우들에서 다른 배합에 대한 같은 경화 정도는 동일 물리적 상태를 초래하지 않는다. 따라서 경화 정의는 코팅이 고객들이 상세하게 지정한 규격을 충족시켜주던 아니던 간에 배합자가 경화가 됐다고 판단을 하는데 있어 필요하다. 비싼 분석장비를 사용하지 못하거나, 잔류 불포화가 의미가 없을 때, 경화정의는 값 비싼 장비를 배제시킬 수 있는 또 다른 요소이다. 유용하면서 애매모호한 정의로는 필름의 성능 매개변수가 최적화되었을 때, 광경화 필름은 기능적인 경화라고 간주될 수 있다.

말에 내포된 사실로는 경화는 광에 노출 후 잔류하는 화학적 작용기보다는 오히려 필름의 최종특성의 기능이 측정되어야만 한다는 것이다.

후경화의 현상은 라디칼, 양이온 경화배합 양쪽 다 뚜렷하다. 그러나 양이온 경화필름에서 더 확연한 효과를 가진다는 것이 보다 타당하다. 이러한 논리적인 결론에 대한 주장을 따르면 경화된 필름의 궁극적 특성은 경화 후에 즉시 검사될 수 없음이 분명하다. 그러나 라인작업자들은 생산 시행하는 동안에 만족스럽게 경화가 되는지 아닌지를 알 필요는 있다. 몇 시간 또는 몇 일 후에 시행된다. 이것은 빠른 양질의 테스트가 필요하다.

경화를 측정하는 기술들은 직접 그리고 간접방법으로 나뉘어질 수 있다. 이 두 가지 접근법들의 정의는 다음과 같다.

1) 직접 방법- 광중합 동안 값을 변화시키는 매개변수의 연속적인 측정
2) 간접 방법- 반응 시간 또는 노출의 함수로 최종 제품의 특성평가

이 정의들에 의해 분류될 수 있는 기술들은 요약되어있다. 표 10에 나와있다.

표 10 광개시제의 반응성 평가

직접적인 방법	
매개변수	방법
반응열	미분 광열량계
탄소 이중결합 함량	FTIR 분광법
손가락으로 문지르기	UV 경화 테스트
간접적인 방법	
매개변수	방법
경도	진자 경도(DIN 53 157) 연필 경도(ASTM D 3363)
유연성	원뿔형 굴곡 시험기 (DIN 53 152, ASTM D 522) 광택기
내화학성	MEK Rub 시험
겔 콘텐트(GEL Content)	추출
손가락 문지름	손가락 문지름

또 다른 분류로는 실제적 그리고 분석적인 관점으로 사용될 수 있다. 이 기술들의 분류는 표 11에 나와있다.

표 11 UV 경화를 위한 실용적이고 분석적인 테스트 방법

분석적인	Photo DSC FTIR RTIR
중간	기계적 표준 문지름
실용적인	과망간산염 시험, 경도, 광택, MEK Rub, 손가락 문지름 시험, 탈지면, Taic / Sand 건조 시험

또 다른 접근법으로는 측정하는 특성에 따라 시험방법들을 분류하는 것이다. 이러한 것들은 표 12에서 행해졌다.

표 12 특성 기술 시험 비교

특성	기술
고착건조	Taic / Sand 시험 손가락 문지름 시험
표면 경화	손톱 스크레치 시험 내용제성
잔류 이중결합	적외선 분광법 과망간산염 얼룩 시험
경도	진자형 경도계, 스워드 로커 연필경도, 손톱 스크레치 시험

최근에 나온 새로운 기술이 있다.(표준화된 기계적 비틈) 그것은 시험 측정 2개의 부류들 사이에 위치한다. 그 기술은 UV경화시험기 N121을 사용한다. 몇 가지 다른 시험 방법들에 대한 시간 비교는 표 13에 주어진다. 여기서 시간은 1시간에서 5일이상까지 걸릴 수 있다.

표 13 광개시제 활성 평가를 위한 요구 시간 및 사용법

방법	대략적인 소요시간	장비	비고
겔 콘텐트 측정	5 일	UV 경화 시스템 (컨베이어 벨트)	• 시간이 많이 걸린다. • 고르지 않은 기판에 적용된 코팅 조사에 유용함 (유리 섬유 코딩)
진자형 경도계 측정	1.5 일	UV 경화 시스템 (컨베이어 벨트) 진자 장치 (Koenig 에 따름)	• 시간이 많이 걸리는 방법 • 평면 기판에 적용된 투명하거나 색이 있는 코팅 조사에 유용하다. (유리 또는 시트)
손가락 문지름 시험	1.5 일	UV 경화 시스템 (컨베이어 벨트)	• 저렴함 • 실용적 • 변수가 있음.
광 컬러미터 측정	1~2 시간	Photo DSC 와 PC 저온 유지 장치 미세저울	• 빠른 측정 • 선별의 유용 • 단색 발광 • 비활성 기체 측정 • 정확한 두께의 필름을 만들수 없다. • 무색으로 제한된 시스템

| 기계적 표준 문지름 | 0.5~1 시간 | N121 UV 경화 시험기 | ·매우 빠른 방법
·기판의 효과를 허용
·필름 무게의 효과를 허용
·단색채 조사
·대기중의 공기 또는 질소
·투명하거나 색이 있는 코팅
·지속적인 자외선 량
·경화하는 동안 측정
·낮은 수준의 작업 기술
·높은 수준의 해석 기술 |

각각의 테스트 방법들은 고려될 것이다. 편의상 실제적 그리고 분석적 분류는 그대로 유지될 것이다.

7.2 실제적 테스트 방법(PRACTICAL TEST METHODS)

여기서 논의되는 실제적 테스트 방법들은 그것들의 장점들 그리고 단점들에 의해 표 14에 요약되어있다.

표 14 실용적인 테스트 방법

기술	장점	단점
손가락 문지름 시험 손톱 스크레치 시험	싸다 실용적 간단함	재생 불가능. 숙련된 기술자 필요
탈크(talc) / 분말 건조 시험	싸다	표면 경화만 측정하므로 판단 필요
경도 시험	실용적 정량분석	표면 경화만 측정 감압 접착제 또는 연질 필름에는 적용 불가
과망간산 염 얼룩 시험	값싼 잔류 이중결합 측정	잔류 이중결합은 오직 특성과 간접적으로 관계 있음.

7.2.1 엄지 비틈 테스트(Thumb Twist Test)

이 방법은 평평하게 경화된 필름에 적용되며, 필름의 어떠한 변형 또는 코팅의 끈적거림, 필름의 박리 등은 실패로 분류된다. 명백하게, 엄지에 의해 적용된 힘 그리고 비틀림의 정도(가해진 전단력)는 결과에 대해 영향을 줄 것이다.

7.2.2 손톱 스크래치 테스트(Fingernail Scratch Test)

이 테스트는 보통 검지 손가락의 손톱을 제외하고나 엄지 비틀림 테스트와 유사하다. 검지 손가락 손톱으로 손바닥이 마주하는 표면에 그려진다. 엄지 테스트와 달리 이 테스트는 부분적으로 필름의 경도 그리고 슬립성에 의존하다. 그러나 엄지 테스트의 경우에는 매우 주관적이다.

7.2.3 활석/모래 건조 테스트(talc/sand Dry Test)

이 테스트는 본질적으로는 끈적임 테스트이다. 활석 또는 다른 분말을 경화된 필름에 도포하며, 그리고 나서 표면에 부착되지 않은 일부 활석을 제거하기 위해 날려주거나 가볍게 털어내고 흔들어준다. 활석이 접착 되어있거나, 활석 비율이 최소 수치를 초과한다면 그 결과는 부정적이다. 이 테스트는 본질적으로 경화와는 관련이 없는 표면끈적임 테스트이다. 필름 표면은 점성이 없을 수 있지만 기재 옆 층은 여전히 유체이거나 아님 그 반대일 수도 있다.

7.2.4 면모 테스트(Cotton Test)

공 모양의 면모로 표면 위를 부드럽게 닦으면 그 위에 약간의 변형이 있다. 일부 섬유가 코팅에 붙는다면 그것은 미경화된 것이다.

7.2.5 내얼룩 테스트(Stain Resistance Test)

탄산 칼슘(99.5%)과 카본 블랙(0.5%)의 고형 혼합물을 표면을 통해 닦습니다.

경화 정도는 분말이 닦일 때, 남아있는 얼룩의 양을 판단함으로써 평가된다. 이것은 본질적으로 접착력 테스트 시험이다.

다른 방법으로는 과망간산 칼륨 1% 용액을 표면에 떨어뜨리고, 5분동안 방치한 다음 물로 씻어낸다. 용액이 표면에 닿았던 부분에 갈색 얼룩이 생길 것이다. 과망간산 칼륨은 탄소-탄소 이중결합(불포화)를 산화시킬 것이며, 그렇게 함으로써 그 색은 옅어지게 된다. 산화가 더 진행할수록 색상 변화는 훨씬 커질 것이다. 남아있는 미반응 물질이 많이 있다면, 얼룩이 옅어질 것이다. 과망간산 칼륨이 잔류 불포화와 반응함에 따라 경화 정량측정은 색 분석기에서 얼룩의 황색지수를 측정함에 따라 얻을 수 있다. 상대적으로 묽은 용액과 비색계를 사용함에 따라 정량적으로 필름 표면의 잔류 불포화를 측정하는 것이 가능하다. 먼저 표준세트는 준비되어 있으며, 이것들은 몇몇 다른 기술들에 의해 측정했을 때, 경화의 정도는 다를 것이다. 과망간산 용액을 적용하고 색상 변화를 측정한다. 색상변화가 클수록 더 많은 잔류 불포화가 필름에 존재하는 것이다. 이 기술은 필름의 성능을 측정하는 간접적인 방법이다. 잔류 불포화는 오직 경화의 정도의 지표이며, 이 테스트가 두드러지게 필름 표면에 잔류 불포화를 측정한다고 간주되어질 때, 특히 그렇다. 첫 번째 테스트는 잔류 아민, 가소제, 유동 및 슬립제가 긍적적 결과를 제공하므로 신뢰할 수 없다. 두 번째 테스트는 또한 미반응 물질의 전이에 의하여 오류가 발생되기 쉽다.

7.2.6 내용제 테스트(Solvent Resistance Test)

손톱에 대한 손상으로부터의 내성은 세계적으로 사용되는 가장 일반적인 정성 테스트이다. 그러나 가장 널리 퍼진 반 정성적 테스트로는 용제로 적신 헝겊으로 표면을 가로질러 문지르는 것에 내한 내성이 있다. 비록 아세톤, 톨루엔, 이소프로판올 또한 사용될 수 있지만 메틸 에틸 케톤(MEK)는 업계의 사람들에 의해 선택된 용제이다. 시험방법으로는 검지 주변에 용제를 적신 헝겊으로 감은 다음, 코팅이 벗겨질 때까지 코팅된 기재를 헝겊으로 문지른다.

경화의 정도는 이를 행하는 데 필요한 이중 문지름의 수를 셈하면서 확인된다. (이중 문지름(DR)이란 한번은 앞, 한번의 뒤로 문지르는 것에 대한 표현이다.)

용제에 대한 고분자 용해 또는 팽창의 정도는 분자크기와 가교밀도와 연관되어있으며, 따라서 표면상으로 적어도 이 테스트는 정량적으로 보인다. 기판 표면의 거칠기, 코팅 두께, 작업자에 의해 가해지는 압력, 천의 마모, 용제의 순도 그리고 결합된 올리고머와 아크릴레이트 단량체의 관능기 모두는 각각의 코팅이 견딜 수 있는 이중 문지름 수와 관련이 있다. 예를 들어 배합에서 10% 다 관능 아크릴레이트의 첨가로 초기용제저항 25회의 이중 문지름에서 85회의 이중 문지름으로 증가했다. 위의 것은 반정량적이라는 용어 사용에 대한 이유이다. 위에 언급된 변수 중 일부를 제거하기 위한 노력의 일환으로 용제로 적셔진 면직물을 16겹으로 2파운드의 구경의 해머를 감싸 사용한다.(그림 19 참조) 망치를 잡고 코팅 위에 망치볼을 살포시 얹어, 코팅을 문지른다.

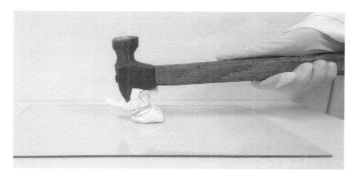

그림 19 면직물로 감싼 망치사진

7.2.7 경도 테스트(Hardness Tests)

침투에 대한 내성으로 이전에 언급된 간단한 손가락 끝 테스트가 기본이 된다. 보다 정량적인 방법으로는 다양하고 잘 알려진 기술들을 사용하여 경도에 대해 기술되어있지 않는다면 이들의 특성을 측정하는 것이 있다. 분명한 것은 배합변화도 또한 경도에 영향을 주기 때문에 비록 기재가 동일할지라도, 임의의 코팅을 다른 배합의 코팅과 상관관계를 정하는 것은 불가능하다.

그러나 이러한 경우일 때, 특정 코팅에 대한 경도는 경화 정도의 좋은 지표를 제공할 수 있다.

이러한 방법들은 실제로 대부분의 반응성 그룹이 사라졌을 때 발생하는 경화정도의 작은 차이에도 매우 민감하다. 이 변화는 적외선 분광법을 사용하여 감지할 수 있으며, 그것은 이중 결합의 소실을 평가하는 데 있어 가장 정확한 방법이지만 그것들을 대량의 물리적인 변화와 연관시키기는 어렵다. 전자빔 조건 하 발생하는 그래프팅 반응은 적외선 분광법에 의해 감지되기가 어렵지만, 경도 테스트에 의해 확인될 수 있다. 경화 프로파일 곡선을 구성하기 위한 경도측정은 이전에 설명됐다.

7.2.7.1 연필 경도(Pencil Hardness)

모든 경도 테스트 중에서 가장 간단한 방법으로는 코팅을 따라 수 많은 연필 경도를 순차적으로 낮춰 밀어서 실행한다. 연필들은 끝이 평평해야 하며, 필름과 45도 각도를 이루어야 한다. 연필이 필름을 도려내거나 또는 파이지 않는다면 이 연필경도는 필름의 경도를 나타내는데 사용된다. 연필들은 HB에서 6H까지의 경도가 다양하다.

7.2.7.2 진자 경도계(Pendulum Hardness)

진자 경도를 평가하는데 있어 사용될 수 있는 두 가지 방법, 즉 코니그(Konig) 및 펄소즈(Persoz)가 있지만 전자가 널리 사용되며, 이것은 기술을 설명하는 데 사용된다. 코니그 진자 서스펜션 포인트(suspension point)는 샘플의 작은 영역에 위치해있다. 진동의 각 진폭이 수직으로부터 6도에서 3도로 감소하는데 걸리는 시간이 기록되며, 경도의 측정값으로 사용된다. dampening을 시행하는데 시간이 더 오래 걸릴수록, 물질은 더 딱딱한 물질이다. 줄 막대에 무게위치를 변경함에 따라 걸리는 시간이 조정 가능하다. 이 방법으로 기재가 유리일 때, 걸리는 시간이 250초가 되도록 기기를 보정할 수 있다. 바람에 의해서 야기되는 가능한 오류들로 케이스에 진자를 동봉함으로써 제거되며, 이것은 습도를 조절하게 해줄 수 있다. 진자를 낮추는 해지장치는 케이스 밖으로부터 작동된다. 대부분의 인용된 결과들은 표면 위 여러 위치에서 측정한 수많은 측정값들의 평균값이다. 작은 영역에서 샘플링된 것은 우발적인 표면결함을 피해야 하지만, 대표 결과를 얻을 수 있게 하기 위해, 다른 영역에 대한 측정이 필요하다. 이러한 결과는 비록 코팅두께, 기재경도의 영향을 받게 되지만, 이러한 변수를 표준화함으로써 의미 있는 결과들을 얻을 수 있다. 펄소즈 테스트는 이와 유사하지만 다른 기하학적 그리고 더 큰 각을 가진 진자를 사용한다.

7.2.7.3 진동자 경도 테스트(Rocker Hardness Test)

스워드 경도 테스트는 ASTM 방법 D2134에 명시되어 있으며, 광경화 잉크의 경도측정평가에 권장된다. 이 장치는 크롬으로 도금된 2개의 평평한 청동링이 판에 고정된 형태이며, 판에는 상단으로부터 수직나사가 장착되어있으며, 두 개의 버블유형(bubble type level)이 지원된다.

이 버블유형(bubble type level)은 로커의 진동의 진폭을 측정하는데 사용된다. 진동자는 또 다시 유리판을 사용하여 보정되지만 이 경우, 22도에서 16도의 진폭감소는 약 60±0.5 초, 50번의 흔들림에서 발생되도록 조정된다. 유리판은 샘플링된 것으로 교체되며, 진동움직임의 수가 기록된다. 그 수가 커질수록, 경도가 더 높아진다. 진동자는 상당히 샘플의 넓은 영역을 이동하므로, 표면 불완전함에 보다 민감하다. 그러나 보다 대표영역에 샘플링을 하도록 사려될 수 있다.

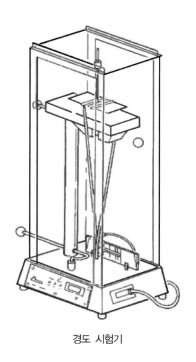

경도 시험기

7.2.8 마모 테스트(Abrasion Test)

내마모성은 경화성만큼 배합의 영향도 크지만 이 장에서 특정필름중량에서의 같은 기재에 적용된 코팅에 대한 이전 예시의 경우에 따르면, 내마모성은 경화의 정도의 척도로 사용될 수 있다. 내마모성이 클수록, 경화역시 더 잘 된 것이다. 내마모성에 관한 지표를 제공하는 많은 최종 사용자들이 이용하는데 있어 비용 효율이 높은 두 가지 장비들이 있다.

7.2.8.1 타버 마모 테스트(Taber Abrasion Test)

이 방법은 실험실간 재현성은 좋지는 않지만 상대적으로 같은 실험실에서의 결과는 비슷하다. 종이, 플라스틱, 금속, 고무 및 복합재료들과 같은 기재에 대한 코팅의 내마모성이 측정되며, 이 사실은 다용도의 테스트라는 것을 입증한다. 뒤이어 수행된 절차로는 중량적용압력이 가해진 두 개의 마모바퀴들 아래 샘플을 회전시킨다. 연마재의 강도와 무게는 다양하게 정할 수 있다. 샘플은 일정주기로 작동시키며, 마모로 인한 중량손실은 사전 그리고 사후 무게측정의 결과를 통해 계산된다.

테이버 마모 측정

대안적인 방법으로 종이 또는 보드 기재에 사용될 수 있다. 이 방법은 코팅이 마모되기 시작할 때까지 바퀴아래에서 샘플을 회전시키는 것을 포함한다. 코팅이 손상되는 시점에 필요 사이클 수는 매개변수로 기록된다. 점착성 있는 표면을 가진 일부 미 경화된 코팅들은 바퀴를 움직일 수 없게 하며, 정도에서 벗어나게 높은 결과를 만든다. 표면으로 이동한 실리콘은 이와 유사한 방식으로 작용할 수 있다.

7.2.8.2 수더렌드 문지름 테스트(Sutherland Rub Test)

이 테스트는 터버 마모 테스트보다 덜 파괴적이며, 터버 테스트와는 달리 실리콘 첨가에 의해 결과는 향상될 수 있다. 이것은 운송 중 포장 마찰을 시뮬레이션하기 위해 고안되었다. 그렇기 때문에 그래픽 아트 산업에서 보통 사용된다. 테스트 동안 두 개의 샘플을 동일한 보드에서 절단하고, 가해진 무게 조건하, 일정 수의 사이클 동안 맞대서 문지른다. 그런 다음 표면을 긁는 정도를 검사한다. 비록 주관적이지만 이 테스트는 표면 경화의 합리적인 지표이다. 다른 결점으로는 주위 습도에 민감하고, 경화가 고르지 않다는 점이 있다. 상부 층은 경화가 잘되지만 하부 층은 미경화된다. 보다 정교한 장비에 의존하는 경화 테스트는 9장, 12장에서 논의될 것이다.

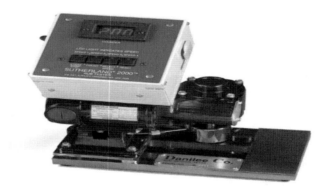

그림 22 Sutherland 마모 시험기

7.2.9 저자 선호(Authors Preference)

손톱 스크래치 테스트는 경화된 샘플을 측정하기에는 가장 쉬운 방법이다. 그리고 그것은 코팅이 얼마나 잘 경화되었는지를 확실히 보여준다. 더나아가 가장 간단한 반 정량적 테스트인 용제 문지름 테스트가 시행될 수 있다. 이 두 가지 방법 모두 배합제품들에 관한 QC 테스트 일부에 들어가야 된다. 추가 조사를 위해서는 심층 분석이 필요하므로, 적외선 분광기를 사용 해야한다.

7.2.10 오류 평가(Evaluation of Errors)

첫 번째 네 가지 테스트들은 정량화하기가 어렵기 때문에 오류 평가는 불가능하다. 얼룩 테스트는 다른 화학적 성분들이 남아있기 때문에 신뢰할 수 없다. 만약 용제 문지름은 같은 경우 섬유, 유사기재에 같은 사람에 의해 수행되면 MEK 이중 문지름 오류는 많이 발생하지는 않을 것이다. 유사 기재 코팅의 연필 경도는 일반적으로 상관관계가 있지만 이 시험은 경화의 정도를 나타내는 척도가 되지는 않는다. 진자 및 진동자 경도 측정은 일반적으로 하나 이상의 실험을 진행하므로, 5%의 정확성을 보장할 수 있다.

경화 필름 및 잉크 특성

8.1 광택

  빛이 표면에 입사되면 반사되거나 투과되거나 흡수된다. 거울과 같은 표면에 떨어지는 빛은 반사의 법칙을 따르고 입사각은 반사각과 동일하다. 비 거울면과 같은 표면에 의해 전달되는 빛의 일부는 시료 평면에 의해 반사될 수 있으며, 상단 표면과는 평행하지 않는다. 이런 상태가 지배적일 때, 표면에서 나오는 빛은 180°내의 어떤 방향으로 나타날 수 있다. 이 효과는 확산 반사율로 설명된다. 상단 표면이 고르지 않은 경우라면 발생할 수 있다(그림 23 참조).

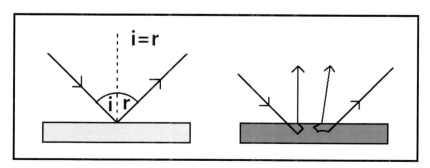

그림 23 거울 반사와 확산 반사비교

따라서, 광택 효과는 표면이 균일한 코팅에 빛이 충돌할 때 정반사로 인하여 나타난다. 코팅 표면의 불균일성이 크면 확산 반사율이 커지므로 광택이 낮아지거나 코팅이 더 얇은 것으로 보인다. 일반적인 용매기반 시스템은 용매 증발, 화학적 가교로 인하여 건조된다. 이 현상이 동시에 일어나면 액체 코팅 표면에 주름이 생겨 액체 상태일 때와 비교 시 상대적으로 광택이 약해진다.

광 경화 코팅은 주로 100% 고형물이거나 그렇지 않은 경우에는 활성성분은 용매가 증발하는 온도에서 열 적으로 안정하다. 전자의 경우 경화 후 증발이 일어나지 않아, 이론적으로는 표면은 평평한 상태를 유지한다. 이 결과 광경화 코팅은 높은 광택을 가진 코팅을 얻는다. 용매 존재 시 용매를 증발 후에 순차적으로 경화를 시키는 과정을 거친다. 광경화 코팅에 광택에 대한 기술이 설명 되어있다. 사용된 광택제는 경화코팅을 보통 위쪽으로부터 볼 때 효과적이다. 그러나 기재 평면에 따라 코팅으로 눈으로 볼 때, 대부분의 광경화 코팅은 높은 광택을 나타낸다. 표면이 여전히 부드럽고 벌크 코팅액에 포함된 희석제의 반사로 기인된다. 따라서 반사광의 확산 성분은 표면을 따라 작지만 빛을 반사시키는 요소는 감소하지 않는다.

위의 주장의 논리는 광택의 정도는 정반사된 빛의 양을 확인함으로써 측정되어야 함을 나타낸다. 이 측정 도구는 발전해왔고 최근에는 휴대용 광택계도 나왔다.

구성된다. 3~4가지 구성이 가능하며, 일반적으로 입사각과 반사각 모두 60°이다. ASTM D523을 보면 60° 광택값이 70% 보다 크면 입사각과 반사각을 20°가 되는 기기를 사용 할 수 있다고 설명되어있다. 제 3 구성은 i=r=85°의 경사각에 가까운 입사각에서 샘플의 광택을 비교하는데 사용할 수 있다(그림24 참조).

광원은 일반적으로 백열등이다. 반사된 빛은 가시광 영역에서 작동하는 감광성 장치에 초점을 맞춘다. 보정은 검정색 바탕에 고광택 유리로 설정한다. 이 유리의 광택 값은 특정 각도에 따라 미리 설정되어 있다(20°,60°,85°). 디지털 판독 값은 유리판에 쓰여진 값과 일치할 때까지 변경할 수 있다.

다른 한 쪽 눈금은 검은 타일을 사용하여 0으로 조정한다. 보정이 완료되면 표준이 교체되고 판독 값이 기록된다.

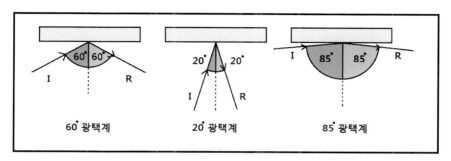

그림 24 다른 광택계 배치에 따른 비교

광택 측정은 경화 정도를 모니터링 하는 방법으로 제안되었다. 값을 비교할 때 필름 두께, 배합 성분, 색상에 따라 광택은 달라질 수 있다. 광택계와 시각적인 광택이 항상 일치하지 않을 수 있다.

8.2 슬립

코팅에서 슬립의 양은 그래픽 아트 산업에서 매우 중요하다. 책 자켓 및 잡지 표지와 같은 일부 최종용도는 높은 슬립값을 요구된다. 왜냐하면 공정기계의 매끄러운 통과 그리고 소비자들이 고품질 실크 느낌을 좋아하는 경향이 있기 때문이다. 포장 과정은 기계에 영향을 받지 않고 통과할 수 있는 충분한 슬립을 가져야 하지만 놓여져 있는 무더기의 붕괴를 막을 수 있게 어느 정도 충분한 그립은 필요하다. 높은 슬립은 낮은 마찰 계수를 정의하는 다른 표현 방식이며, 낮은 슬립은 높은 마찰 계수를 정의하는 또 따른 방법이다. 슬립 계수를 결정하는데 사용되는 주된 방법은 경사면을 사용하는 것이다. 시험을 진행하려면 두 개의 동일한 코팅 재료가 필요하다. 첫 번째는 코팅/잉크가 수평 베드에 고정되는 반면 두 번째 것은 슬러지(썰매 sledge)에 고정된다. 슬러지가 베드에 놓이면 두 샘플이 접촉할 것이다. 슬러지가 움직이기 시작할 때까지 베드는 기울어져있다. 이때의 값을 기록하며, 평균 3회 값이 정적 마찰 계수의 지표로 많이 사용한다. 기울기는 평면에 부착된 눈금으로 조절이 가능하며 슬립 값이 0.15 미만은 높은 슬립이며, 0.3 미만은 낮은 슬립으로 간주된다. 그림 25는 일반적인 경사면 실험 장치를 보여준다.

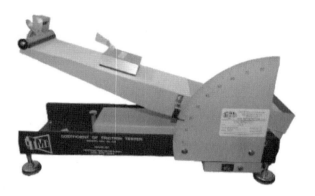

그림 25 경사면

동적 슬립 측정은 변수가 많고, 많은 오차가 발생한다. 그러나 많은 포장기계들의 경우에는 슬립 값은 두 개의 타이트한 제한 값 사이에 들어가야 한다. 유사 시험장비 그리고 시험조건이 사용된다면 결과들은 상관관계가 있을 것이다.

동적 슬립 시험하는 원리는 모든 시험 장비에 적용된다. 샘플 하부에 부착된 샘플시료가 묻어있는 슬러지는 두 번째 시료가 묻어있는 수평베드를 가로질러 당겨진다. 동일 물질의 두 샘플 사이의 마찰 등은 슬러지를 움직이는데 필요한 힘의 함수로 측정한다.

슬러지가 당겨지는 속도, 움직이는 거리, 무게 등 모두 결과에 영향을 미치기 때문에 가변적이다.

초기 슬러지가 움직이는데 요구되는 힘은 정적 슬립으로 간주되지만 위에 정의된 정적 슬립과는 다른 값을 갖는다. 대부분의 동적 슬립 시험에는 차트 기록계가 포함된다. 슬러지를 움직이는데 필요한 힘과 이 힘의 변화 등이 코팅의 슬립을 나타내준다.

차트 기록계에선 이 힘의 큰 변화는 '톱니 모양(saw tooth)'으로 나타나며, 변화가 없으면 부드러운 선을 보여준다. 정적 및 동적 슬립의 측정 결과는 그림 26에 나와있다.

힘은 다벤포트(Davenport)와 같은 시험기를 사용하거나 인장 시험기를 조정하여 수평 당김으로 측정 할 수 있다. 슬립을 측정하기 위한 인장 시험기는 GL 장비에서 사용할 수 있다.

슬립값은 경화 정도, 코팅 상태, 주변 습도 및 필름 두께에 좌우되며, 시험 전에 이러한 조건을 잘 조정해야 한다.

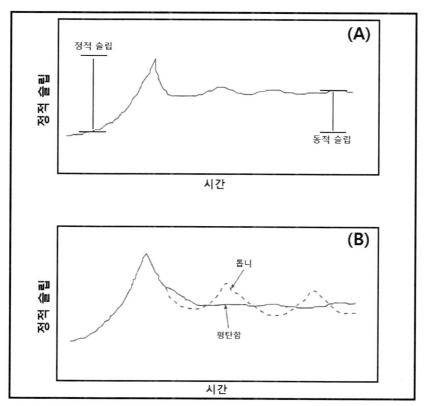

그림 26 동적 슬립 기록

8.3 접착력

접착 기술은 오랜 기간동안 연구되어 왔다. 접착의 조건 중 하나는 접착제 또는 코팅과 기재 사이의 양호한 접촉이다. 접촉이 양호하게 이루어지면 다음의 조건 중 하나이상 조건에 의해 접착이 될 수 있다.

ⅰ) 기계적 - 코팅은 기판 표면의 미세한 틈새를 채우고 응고되어 완전히 맞물린 형태가 된다.

ⅱ) 물리적 - 반데르발스(Van de Waals)힘, 수소 결합, 정전기력 등이 코팅과 기판 사이에 발생

ⅲ) 화학적 - 코팅 결합의 구성 성분이 표면과 화학적으로 결합한다.

UV, EB 경화 수지화 기재에 대한 접착 인자를 상세히 논의되었다.

가장 간단한 접착 시험은 엄지 손톱으로 표면을 긁는 것이다. 코팅이 생성되어 기판에서 제거되면 코팅은 실패로 간주된다. 더 높은 조건의 검사는 주걱 또는 다른 금속 도구를 이용하여는 것이다. 위 방법보다 정량적인 검사는 몇 가지 있다. 코팅 산업에서 선호하는 시험법은 테이프를 잉크나 코팅에 붙여 빠르게 띄어내는 것이다. 테이프 시험에서 불량으로 간주되는 것은 접착 불량을 나타낸다. 불량의 정도는 코팅이 테이프에 얼마나 많이 부착되어 있는지로 평가한다. 정량 시험은 속도와 각도 등에 따라 결과가 바뀔 수 있다.

일반적으로 테이프는 6x6, 11x11 선의 격자가 표시된 지역에 붙여야 한다. 이전과 같이 테이프를 떼어내고 제거된 수를 계산한다. 또는 ASTM은 0~5로 등급을 부여하는 것을 권장한다. 여기서 5는 코팅이 제거되지 않은 상태며, 0은 65% 이상 제거된 것이다(그림 27).

이 시험은 표면 장력이 낮아 테이프가 붙지 않는 경우 문제가 발생한다. 낮은 표면 장력으로 테이프에 붙지 않는 현상을 코팅과 기재의 우수한 접착력으로 잘못 판단 할 수 있다. 그러나 대부분 손톱으로 먼저 긁어서 확인한다.

분류	횡단면 표면에 박리가 생긴다
5B	없음
4B	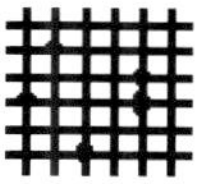
3B	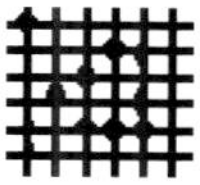
2B	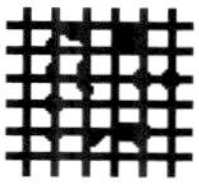
1B	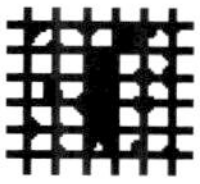
0B	65% 이상

그림 27 부착 실패

이 방식은 반 정량적 시험이라 할지라도 접착력을 정량하는 방식이 매우 어렵기 때문에 더 나은 방식을 고안하는 것은 거의 불가능하다. 이는 특히 2 마이크론 이하 필름 두께의 잉크와 관련 있다.

스카치 테이프 시험은 종이와 판지를 기재로 했을 때는 접착력 시험으로 적절하지 않다. 따라서 이런 기재에 대한 평가는 이전에 언급한 서덜랜드(Sutherland) 기기 또는 PIRA 내마모 시험기로 사용해야 한다.

플라스틱에 적용되는 UV 경화 락카의 접착력 시험은 인장 시험기로 이용한다. 이 방법은 BS 3900 Part E10을 기반으로 한다.

이 테스트는 24 마이크론 코팅 두께로 하며, 직경이 20mm인 시험관을

2액형 에폭시 접착제로 코팅 및 기재 뒷면에 부착한다. 금속판은 폴리에틸렌이 기재일 때, 끼우개(SPACERS)로 사용된다. 왜냐하면 실린더와 기재 사이의 접착력은 받침대와 코팅 사이 접착력만큼 좋지가 않기 때문이다. 흥미로운건 원판과 실린더 사이 접착력은 시험관과 코팅 사이 접착력만큼 나쁨에도 불구하고 사용한다.

우수한 접착력을 얻기 위해서 50℃ 가열 후 압력 하에 1시간동안 방치한다. 샘플이 식는 동안 1시간을 더 기다려야 한다. 시험은 J.J.Lloyd MJK 계량기의 일정한 변형/ 가변 응력 구성을 사용했다. 입구분리 속도는 5m / min이다. 응력은 코팅이 벗겨질 때까지 가해진다. 각 구간의 응력이 표시되고 그 결과가 실린더의 면적으로 나누어 KN/m²으로 나타난다.

다양한 우레탄 올리고머를 폴리카보네이트, 폴리에틸렌에 대한 접착력을 시험했다. 일부는 코팅전 손상이 되었으며, 일관된 결과를 얻는 것은 어려웠다. 따라서 최대값만 분석에 사용되었다고 보고되었다. 이 방법은 수축률과 접착력 사이의 역상관 관계를 정량적으로 나타낸다.

8.4 투명도/불투명도

안료가 포함된 수지는 모든 색상에 대해 불투명 할 수 있으며, 한 색상을 제외한 모든 색상에서 투명할 수 있다. 이는 보통 좋은 현상으로 볼 수 있다.

굴절율이 높은 안료의 경우 빛을 산란시키고 흡수한다. 따라서 빛은 기판으로 다시 투과 할 수 없어 불투명해 보인다. 이산화 티타늄 경우 가시광 영역과 UV 영역 빛을 모두 산란시켜 불투명도가 높다.

불투명도의 평가는 보드 한쪽에 샘플을 가져온다. 이러면 흑백 패턴을 보이는데 패턴이 충분히 안보이면 올바른 불투명도로 평가한다. 그렇지 않을 경우 더 많은 안료를 첨가하거나 필름 두께를 증가시켜야 한다.

8.5 표면 특성

8.5.1 표면 장력

좋은 접착력은 이전에 말했듯이 코팅과 기판 사이의 좋은 접촉을 필요로 한다. 즉 액체 코팅이 표면을 잘 젖게 해야 한다. 토마스 영(Thomas Young)은 습윤성 주제의 중심인 표면 위에 놓인 한 방울 액체에 대한 접촉각으로 처음 생각했다. 방울이 완전히 퍼지지 않았거나 표면이 완전히 젖어 있지 않을 경우 그림 28에서 $\theta > 0$이지만 $\theta=0$일 때 방울은 점도, 표면 거칠기에 따른 일정속도로 자유롭게 퍼질 것이다.

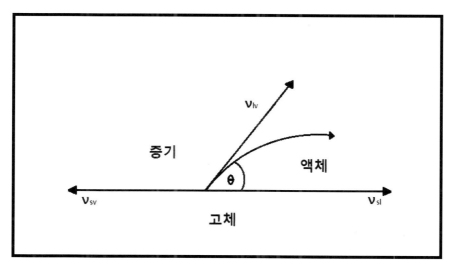

그림 28 고체 표면에 액체가 떨어지는 경우 표면 자유 에너지의(표면 장력) 벡터 다이어그램

$$\nu_{SV} = \nu_{SL} + \nu_{LV} \cos \theta \qquad \text{(식 20)}$$

$$\cos \theta = \frac{\nu_{SV} - \nu_{SL}}{\nu_{LV}} \qquad \text{(식 21)}$$

식 21은 cos θ 가 얼마인지 보여주는 식이며, 여기서 θ는 3가지 표면들의 각각의 표면자유 에너지에 의존한다. θ가 0에 가까워짐에 따라 cos θ는 1에 가까워지며, 이는 좋은 습윤을 나타낸다.

$$v_{SV} - v_{SL} = v_{LV} \qquad (식\ 22)$$

대부분 액체 혹은 유기 고체(왁스 및 고분자)의 표면 자유 에너지는 100 dynes/cm 미만이다. 이는 저에너지 물질로 알려져 있으며, 금속과 금속 산화물과 같은 고에너지 물질은 500~5000 dynes/cm로 알려져 있다. 고 에너지 물질의 표면은 물질 자체 분자들의 인력보다 표면 위 액체 분자와의 인력이 더 강하다.

대부분의 액체는 고에너지 물질로 퍼지거나, 그 액체의 표면 자유 에너지가 기재보다 클 경우 퍼짐이 일반적이다. 그래서 액체의 표면 자유 에너지를 감소시키는 계면 활성제를 이용하여 습윤 시킨다. 예를 들어 세척용 물, 안료 분산 보조제, 실리콘 유동 첨가제 등이 있다. 그러나 이런 계면활성제로 인하여 생기는 문제는 대표적으로 접착력 감소이다. 액체가 낮은 표면 자유 에너지로 인하여 고정이 안되고 흘러내리는 문제가 있어 적당량을 사용해야 한다. 기재 젖음성 그리고 기재에 적용된 코팅의 표면 장력을 알 필요가 있다. 토션(torsion) 밸런스를 사용하여 액체의 표면 장력을 측정 할 수 있다. 이 기구는 시험 중인 액체의 표면에 수평으로 평평하게 설치된 백금 와이어 링으로 구성된다. 링은 토션 와이어에 부착되어 있으며, 이는 다이얼 조절 나사로 잡아당길 수 있다. 이어서 플랫폼이 내려지고 조정 나사를 사용하여 장비 영점을 맞추고, 링이 잠겨질 때까지 플랫폼으로 적절한 용기 안에 들어있는 액체를 들어 올린다. 곧이어 플랫폼은 내려지고 토션은 조절나사에 의해 동시에 와이어에 적용된다. 링 시스템을 제로로 유지하기 위해 충분한 장력이 주어져야 한다. 링이 표면에서 떼어 낼 때 dynes/cm 또는 Nm^{-1}로 보정된 값이 기록된다.

그림 29 비틀림 저울

액체가 링에 의해 끌어 올려지기 때문에 상관 계수 (F)가 종종 필요하다. 이 파라 미터는 링의 반경 (R), 링을 구성하는 와이어의 반경 (r), 액체의 자유 표면 위로 상승된 액체의 부피 (V)에 의존한다. 이는 다음 식 23에 나타난다.

$$V = \frac{m}{(D - d)}$$

(식 23)

m = 표면 위에 올려진 액체의 무게

D = 액체의 밀도

d = 액체 증기 밀도

R^3/V와 R/r의 다른 값들을 기초로 한 표를 참조하여 F값을 구하고, 올바른 표면 장력은 이 결과에 F값을 곱하여 얻을 수 있다. 고체의 표면 자유에너지의 측정은 어렵다. 여기서 측정하는 방법으로 두 가지가 있다. 첫 번째는 근사치며, 두 번째는 분석 기술이 있다. 저에너지 표면 자유 에너지는 이소프로판올과 착색된 염료가 혼합된 수지를 이용하여 간접 측정이 가능하다. 다양한 비율의 이소프로판올은 다양한 표면 자유 에너지를 갖

는다. 이 액체는 저에너지 고체 표면에 적용될 때 그것들의 표면 자유 에너지가 고체의 표면 자유 에너지보다 크면 망상모양을 이룬다. 따라서 고체의 표면 자유 에너지는 망상형이 되지 않는 가장 낮은 표면 자유 에너지의 근사치로 표현한다.

콘택트-θ-미터(Contact-θ-Meter)(그림30)는 리즈(Leeds) 대학교에서 표면의 습윤성을 쉽고 재현성을 가지며 값싸게 측정하기 위해 개발되었다. 임의의 기판에 접촉각은 알고 있는 표면 장력을 가진 액체로 측정한다. 두께 조절 가능한 홀더 안 기판에 액체 방울을 떨어뜨린다. 광원은 기판 층(level)에 있으며 방울은 빛의 이미지가 사라질 때까지 움직이는 화전식 크리노 미터(clinometer) 아래에 위치한다. 회전 각도는 기록되며 접촉각 θ로 표시된다. 측정은 두 개의 방울로 반복된다. 방울 크기가 일정하다면 1% 미만으로 재현성이 구현된다. 제공된 소프트웨어 패키지에 θ의 평균값을 입력하고 나면 습윤을 계산된다.

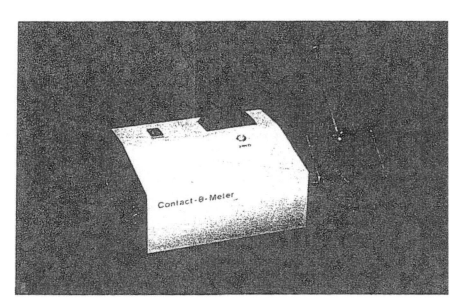

그림 30 콘택트-θ-미터

리즈 대학의 이론이나 실습의 개발로 표면습윤 측정에 대한 검토가 이루어졌다. 액체와 기판의 극성은 생각했던 것보다 습윤에 더 기여한다. 소프트웨어는 표면의 임계 습윤 장력을 측정하는데 오직 두 가지 액체가 사용되도록 프로그래밍화 되었다. 두 가지 액체로는 트리토일 포스페이트(tritolyl phosphate)과 글리세롤(glycerol)이다. 이러한 극성 효과는 소프트웨어를 사용하며 계산되고, 약 5분 안에 일부 기판의 임계 습윤 장력을 측정이 가능하다는 것으로 알려져 있다.

표면 자유 에너지 또는 표면 장력이라는 용어는 액체 기준으로 둘 다 쓰일 수 있지만 표면 장력이라는 용어는 고체에는 적용할 수 없다. 표면 자유 에너지가 낮으면 높은 슬립을 가진 표면을 의미한다. 이외 표면 자유 에너지와 습윤성에 의존하는 경화 필름의 특성은 접착성, 내오염성, 고온 블록 감수성 및 내마모성이다.

8.5.2 접착성(Glueability)

종이나 보드로 구성된 포장재를 제조하는 동안 2D 표면에서 3D 모양을 형성하는 단계가 있다. 코팅이나 페인트 절차가 3D 모양보다는 2D 표면에서 진행된다면 더 효율적으로 생산이 이루어진다. 선호되는 조립방식은 다양한 마감접착을 고려해야 하기 때문에 디자이너는 크게 두 가지 선택이 남아있다.

a) 스크린 인쇄 또는 패턴이 된 기판을 사용하여 접착되지 않은 영역과 코팅되지 않은 영역을 남겨둔다.
b) 접착제에 효과적으로 접착이 되는 잉크와 코팅제를 사용한다.

후자의 디자인 특징은 포장 등급 배합이 적합한 틈새이다

이 방식을 적용하기 위해선 최종 사용되는 접착제를 무게를 알고 있는 필름에 코팅된 소재에 적용시키고 벗김 테스트를 하는 것이다. 증착할 때는 바닥 가장자리까지 가공된 정확한 치수 홈을 갖는 큐브를 사용한다.

벗김 테스트는 서로 마주보게 하거나, 앞 뒤로 놓여지게 함으로써 24시간 동안 유지시킨다. 24시간이 지나면 바로 벗김 테스트를 진행한다. 접착제와 코팅 및 잉크 사이의 접착은 수지가 기판으로부터 억지로 떼어내질 정도가 되면 충분히 강한 것이며, 반대로 약한 상호작용은 잉크를 남아있게 할 것이며, 코팅은 그대로 남아있을 것이다.

8.5.3 재코팅성(recoatability)

잉크는 금속 장식 산업에 많이 인쇄된다. 이런 장식 산업에 만족스러운 탑 코트는 접착을 돕고 내마모성, 유연성과 같은 특성을 유지하기 위해 프라이머가 자주 필요하다.

재코팅의 상용성이 나쁘면 오렌지 필(orange peel) 효과를 초래할 수 있으며, 이러한 현상이 발생하면 탑 코트와 프라이머 모두 재형성이 필요하다.

프라이밍된 표면을 완전히 적신 표면 코팅은 여전히 고착되지 않을 수 있다. 이 상황은 8.3에서 논의 되었으며 접착 테이프 시험을 권장한다. 재코팅성이 불량한 경우 화학적 상용성이 나쁘거나 과도하게 경화된 베이스 코트일 수 있는데, 임계 습윤 장력 측정으로 습윤 문제 여부를 알 수 있다. 화학적으로 상용성이 나쁘면 재형성이 필요하며, 공정 조건의 변화는 과경화 코팅의 가교 결합 밀도를 감소시키는데 도움이 될 수 있다.

8.5.4 내오염성(stain resistance)

그래픽 아트 산업에서 사용되는 코팅은 대부분 상대적으로 수명이 짧으며, 광경화 수지가 특정 기능에 대해 지나치게 이상적이라고 생각할 수 있다. 다른 한편으로, 목재 마감 등 산업용 도료는 가구 및 외부 코팅을 목적으로 하며, 수년간에 걸쳐 마모를 견딜 수 있어야 한다. 오늘날 가정에는 겉보기에는 무해한 성분들이 포함되어있지만 유기 고분자로 만든 표면과 접촉하면 얼룩을 야기할 수 있다. 이러한 물질은 다음에 나와있다.

에틸 에타네이트 (Ethyl ethanoate)(네일 바니시), 아세톤 (네일 바니쉬 리무버), 알코올 (세정액), 물, 립스틱, 구두 광택제(유기용제, 수지 및 안료의 혼합물), 커피, 차 적포도주 등이 있다.

내오염성은 수지 유형의 기초적인 기능이지만, 착색제와 기재 사이의 접촉 정도의 감소는 물질을 개선시키고 표면 자유 에너지의 감소를 일으킨다.

내오염성 테스트는 최종 목적에 따라 달라질 수 있지만, 일반적으로 증발을 방지하기 위해 표준시간(예:24시간)동안 오염을 일으키는 물질과 남겨두는 것이다. 내오염성은 물질이 닦여 질 때 평가된다. 여기에도 다른 정성 시험과 마찬가지로 알려진 표준 코팅을 대조군으로 사용해야 한다.

8.5.5 핫 호일 블록 민감도(hot foil block susceptibility)

금색, 은색 호일은 인쇄 된 종이와 판자에 장식 효과를 준다. 이 공정은 프레스에 고정된 가열 블록을 사용하여 인쇄물 표면에 접착제로 적용시킨다. 블록에는 선명하게 새겨진 패턴을 가지고 있다. 체류 시간, 블록의 온도, 프레스에 적용되는 압력 모두 가변적이다.

이는 접착력에 의존하는 또 다른 공정이므로 표면의 자유 에너지가 중요한 역할을 한다. 그러나 더 극한의 작업의 조건으로 인하여 온도, 압력, 체류 시간 등을 조절하거나 아니면 세 조건을 전부 조절하여 접착력을 향상시킨다. 배합의 파라미터는 유리전이온도가 중요한 만큼 코팅이 얼마나 잘 반응하는지에 영향을 줄 수 있다.

테스트를 수행하려면 핫 호일 블록 프레스가 필요하다. 사용된 블록은 일반적으로 세세한 부분과 큰 부분이 모두 새겨져 있다. 체류 시간, 압력, 온도는 표준화 되어야 한다. 락카는 패턴에 큰 불일치가 있으면 실패로 간주한다.

8.5.6 블로킹 저항(blocking resistance)

블로킹은 인쇄된 인쇄물의 릴(reel) 또는 스택(stack)에서 발생하는 현상
이다. 창틀 안쪽 표면에 코팅된 장식용 페인트는 압력의 영향으로 건조된
페인트 표면이 서로 달라 붙는 현상을 일으킨다. 스택의 온도 및 특히 압
력이 상대적으로 높은 인쇄기에서 자주 발생한다. 이러한 조건에서 코팅
이 부드러워 지거나, 가소제가 코팅을 통해 잉크로부터 방출되거나 혼입
된 용매가 방출될 수 있다. 이 후 시트가 서로 붙어서 분리될 수 없으면
제품으로 쓸모가 없어진다.

블로킹은 온도, 습도에 영향을 받을 수 있으므로 몇 가지 검사가 필요
하다. 가장 쉬운 시험은 상온 조건 하에 되며, 좀더 복잡하게 가면 건조
대기 또는 100% 습도에서 고온(40-50℃)에서 시험을 진행한다.

간단한 테스트는 표준 크기의 여러 사각형 모양으로 잘라내어 무게를
측정하고 두 개의 유리판 사이를 마주보게 배치한다. 이 후 16시간동안
유지한다.

보다 복잡한 테스트는 일정한 온도의 수조에서 진행하며, 물을 펌핑 가
능한 다이얼 게이지와 엔빌(anvils)이 있는 프레스가 필요하다. 인치당
750~3000 파운드의 압력을 16 시간 동안 준다. 이 테스트는 유리판이
사용되지 않는다.

두 경우 모두 천천히 표면을 잡아 당겨 표면을 검사한다. 달라 붙는 정
도는 표준과 비교하여 평가한다. 극단적인 '달라 붙음(cling)' 현상은 잉크
가 기판 표면에서 찢김을 초래한다. 인장 시험은 블로킹 현상을 정량적으
로 측정할 수 있다.

8.5.7 내열성(heat resistance)

가구는 고온의 물체를 견딜 수 있어야 하며, 코팅이 접촉하는 첫 번째 지점이므로 코팅 역시 내열성이 필요하다. 젖음성, 건성 내열성을 나타내는 두 가지 테스트가 있다. 일관된 방식으로 테스트를 수행하기 위한 장비는 FIRA에서 제공된다. 온도 조절에 이용되는 금속 컵은 미리 설정된 온도로 가열될 수 있으며, 30분동안 냉각되는 동안 표면과 접촉하게 된다.

습식 열 테스트는 축축한 헝겊에 뜨거운 액체를 담근 컵을 시뮬레이션한 것으로, 0.5g물로 적신 나일론 천을 컵 아래에 놓는다. 사전 설정 온도는 55, 70, 85℃이다.

건열 테스트는 온도를 70~160℃까지 높일 수 있으며, 일부 유형의 천 없이 진행한다. 온도의 선택은 사용 중에 코팅에 대해 예상되는 위험과 관련된다. 예를 들어 낮은 온도는 단열재 없이 테이블 위에 놓은 뜨거운 오븐을 시뮬레이션 하는데 사용하며, 더 높은 온도는 마감 유형을 구별할 때 사용한다.

평가는 16시간 후 진행하며, 손상이 없으면 5점을 주고 손상이 심하면 1점이 된다. 손상에 정도에 따라 4,3 또는 2점을 부여 할 수 있다. 이 시험은 주관적인 요소가 도입된다.

8.6 보호 특성

포장 내부에서 습기를 없애는 것은 매우 중요하며 특히 냉동실에 보관할 때 중요하다. 광경화 코팅 경우에는 가장 먼저 접하는 보호막 역할을 하며, 일반적으로 수증기 투과율 등으로 표현되는 차단 특성이 있어야 한다. 이 매개 변수는 정확하게 온도, 압력, 상대 습도를 확인하며 이 조건 하에 코팅 영역을 통과하는 물의 양으로부터 계산한다. 시험을 위한 필름이 제조되고 경화되는 동안 핀홀이 형성이 되지 않도록 주의한다.

8.6.1 유기 코팅의 수증기 투과성

수증기 투과성은 두 가지 절차 중 하나에 의해 결정될 수 있다. 첫 번째 시험은 시편(최소 $25cm^2$)이 6∼8ml의 증류수가 있는 25ml 컵에 밀봉 되는 것이다. 클램프로 필름을 단단히 고정할 수 있도록 플랜지(flange)를 컵 본체에 결합한다. 다른 방안으로 왁스를 씰(seal)로 사용할 수 있다. 완성 되면 온도와 습도를 조절 할 수 있는 테스트 챔버에 놓는다. 이 챔버는 일반적으로 상대 습도를 제어 할 수 있는 유리 데시케이터(desiccator)이여 야 한다. 두 세트의 조건을 권장하며, 평균을 취하기 전에 각 세트를 적어 도 두 번 이상 실행 해야 한다.

조건 A - 23℃에서 매우 낮은 상대 습도.
조건 B - 23℃에서 50% 상대 습도.

컵과 코팅은 주기적으로 계량하여 수분이 증기로 손실된 양을 측정한다.

두 번째 방법은 물 대신 컵에 건조제를 넣음으로써 진행한다. 테스트 챔버에서 두 가지 조건이 권장된다.

조건 B - 위와 같이
조건 C - 38℃에서 상대 습도 90%

무게 증가는 수증기가 코팅을 얼마나 통과하고 있는 지를 나타낸다. 수증 기 투과율(WVT)이 식 24에 주어지기 때문에 결과는 $gm^{-2}hr^{-1}$로 나타낸다.

$$WVT \frac{\Delta g}{tA}$$

(식 24)

△g = 그램 단위의 무게 변화

t = 총 시험 시간

A = 코팅 면적 m²

일반적으로 실제 적용되는 두께로 필름을 얻는 것은 어렵기 때문에 샘플 기판을 코팅하고 전체 시스템을 테스트하는 것이 더 좋다. 코팅된 면은 수증기 쪽으로 배치해야 한다. 기질은 코팅과 수증기 사이에 보호 장벽을 형성해선 안된다.

수증기 투과와 관련된 또 다른 분야는 전자 산업이다. 캐퍼시터와 (capacitors) 같은 전자 부품은 수분의 영향을 받을 수 있으므로 고온 및 습도와 같은 조건에서 노출되는 회로는 보호 코팅으로 보호된다. 최근 논문에서는 테스트의 방식을 약간 수정하며 설명했다.

원형 샘플(직경 5cm)이 잘려 질 수 있도록 필름(두께 125mm)을 준비하고, 양극 처리된 알루미늄 플레이트와 컵 사이에 끼운다. 덮개 판은 중간에 둥근 구멍(3.8cm)이 있다. 실링(sealing)은 샘플과 각 금속면 사이에 고무 가스켓(gasket)을 배치되어 있다. 컵은 약 150ml의 부피를 가지며, 그 안에 25g의 건조제가 놓여졌다. 실험은 상대 습도 95%에서 40℃, 70℃에서 진행한다. 무게 증가량을 mg 단위로 96시간 동안 측정한 결과를 두께로 나눈 후 최종 데이터를 시간에 대해 그래프로 나타내었다. 우레탄, 에폭시 아크릴레이트의 결과는 그림 31에 나와있다. 우레탄 아크릴레이트의 성능 저하 원인은 우레탄 결합의 가수 분해에 기인한다. 원형 단량체(그림 32)가 최고의 단량체인 것으로 나타났다. 20개의 캐퍼시터의 전기값을 측정한 결과 기존의 열경화된 아민 가교 에폭시 코팅보다 우수한 UV경화 에폭시 코팅 성능이 입증되었다.

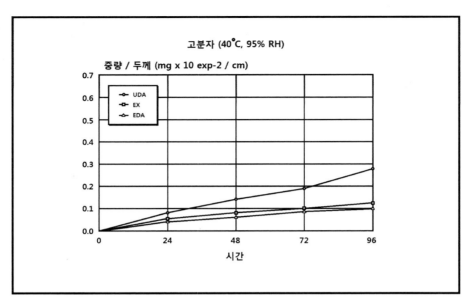

그림 31 에폭시 아크릴 레이트 및 우레탄 아크릴 레이트의 수증기 투과율

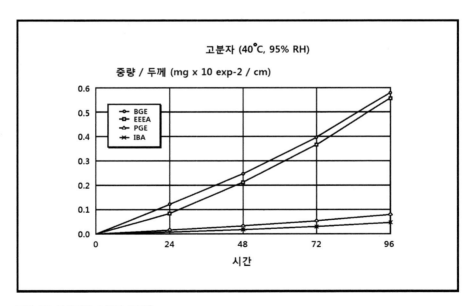

그림 32 희석제의 수증기 투과율

8.7 오염도와 악취 검사

경화가 완료된 후 광경화 코팅에 잔류하는 휘발성 성분이 다공성 기재를 통해 음식에 들어갈 수 있으며, 불쾌한 냄새를 풍길 수 있다. 휘발성 물질은 심지어 음식물에 흡수될 수 있으며, 심각한 오염을 초래한다.

UV 코팅은 EB에 의해 경화된 것보다 악취 문제를 초래할 수 있다. 불완전 경화로 인한 광개시제, 자유 라디칼 등이 이 문제의 원인이다. EB 제재는 광개시제를 함유하지 않으며, 더 높은 가교 결합도를 가지므로 오염도나 냄새가 감소된다.

초콜릿은 오염에 특히 민감한 음식이다. 오염과 냄새를 검사하기 위해 코팅된 보드 샘플과 초콜릿을 함께 밀봉용기에 넣는다. 비코팅판에도 비교샘플로 같이 검사한다. 초콜릿은 1일에서 1주일 동안 노출된 채로 있다. 악취와 오염된 음식을 식별할 수 있는 6명의 시험 판독관이 초콜릿의 냄새와 맛을 본다. 오염 정도는 0~5 사이의 숫자로 정한다. 냄새 역시 비슷하게 표시된다. 코팅은 A,B 또는 C로 분류된다. A는 오염도가 적고 B는 약간 오염도가 있지만 아직까진 식용이 가능한 것이며, C는 너무 많이 오염된 것으로 표시한다.

기질이 코팅보다 더 강한 냄새를 갖는 것은 드문 일이 아니다. 이는 연성 필름 패키지 상의 액체 잉크에 해당 될 수 있다. 그러나 일반적으로 광경화성 코팅은 대부분의 기질보다 많은 냄새가 나는 아크릴을 가지고 있다.

8.8 물리적 성질

잉크, 락카, 코팅, 페인트 등의 최종 용도는 물리적 성질에 따라 결정된다. 고객은 단단하고 유연한 성질같이 거의 불가능한 것을 요구한다.

8.8.1 인장 특성

인장응력을 받을 때 코팅의 거동은 처음 적용된 기판으로부터 분리될 수 있다는 점을 고려하고 측정해야 한다. 단, 필름은 측정이 가능할 정도로 강도가 충분히 있어야 한다. 이형지는 프리한 필름을 얻을 수 있는 기재로 사용된다. 모듈러스, 파단시 신율, 강도와 같은 파라미터는 모두 인스트론(Instron)과 같은 인장 시험기를 사용하여 평가할 수 있다. 모듈러스는 주어진 거리만큼 코팅을 길게 하는데 필요한 응력(힘/단위 단면)의 척도이다. 높은 탄성 계수는 단단하고 강한 물질의 특징이다. 파괴강도, 인장 강도는 리핑(ripping)이 발생하기 전에 코팅이 견딜 수 있는 최대 응력이며, 연신율은 끊어지기 전에 코팅이 늘어날 수 있는 정도이다. 사실상 다른 테스트 결과와 마찬가지로 온도와 상대 습도 등에 따라 테스트 결과가 달라진다. 이 매개 변수를 측정하는데 사용하는 도구는 고정 멤버와, 이동 멤버로 구성된다. 후자의 자유도는 한 방향, 즉 수직면으로 제한된다. 로드(load) 셀은 이동 멤버에 부착되며 시편에 의해 변화하는 총 하중을 모니터링 할 수 있다. 대부분의 기계는 컴퓨터에 연결되며 다양한 결과를 자동으로 계산할 수 있다.

가능하면 많은 변수를 제거하는 것이 좋다. 예를 들어 온도, 습도, 샘플 길이, 샘플 너비, 샘플 두께, 이동 속도를 모두 표준화 해야 한다. 사용된 그립은 미끄러짐과 고르지 않은 응력 분포를 최소화 하도록 설계되어야 한다.

이러한 매개 변수의 변화가 결과에 영향을 줄 수 있으므로 테스트 할 샘플의 치수를 엄격하게 제어해야 한다. ASTM D882 방법은 총 연신율이 100% 이상인 재료의 경우 50mm, 연신율이 100% 미만인 재료의 경우 100mm의 초기 그립 분리로 지정된다. 샘플은 사용된 그립 분리 보다 50mm 이상 길어야 한다. 너비는 5∼25mm 사이에서 다양할 수 있지만, 측정된 코팅의 건조 필름 두께는 100 마이크론이므로 두께의 8배 이상이어야 한다.

필름은 원활한 흐름을 가능하게 하는 매끄러운 기질 위에 준비되어야 하나 접착성이 좋지 않은 경우 이형지가 아크릴레이트 기반 코팅의 좋은 예이다. 경화 후 시험 샘플을 체취한다. 일반적인 시험 속도는 0.1∼1M/min 이다.

실험 데이터는 컴퓨터로 계산이 된다. 광경화 코팅에 대한 파단시까지 연신율은 원료나 배합에 따라 1∼8%로 다양하다. 그러나 최종 사용자는 현장에서 생산되는 물성을 요구하므로 생산 라인과 비슷한 테스트가 있다. 그 중 몇 가지는 하위 섹션에 명시되어 있다.

8.8.1.1 주름(Crease) 테스터

인쇄된 보드에서 3D 패키지를 만드는 과정의 접착력에 대한 설명을 하위 절에서 설명했다. 이 프로세스의 또 다른 중요한 부분은 원하는 모양을 형성하는 성질이다. 반복가능한 폴드(fold)를 달성하기 위해, 2D 기판은 정확히 같은 위치에서 접혀야 한다. 보드를 접었을 때 이전에 적용되고 경화된 잉크나 코팅은 시험 중, 시험 후에 균열이 발생하지 않도록 충분한 유연성을 가져야 한다.

코팅 시스템의 적합성을 확인하는 간편한 시험법은 코팅된 보드를 180° 접어서 표면에 균열을 검사하는 것이다. 표준보다 좋든 나쁘든 주관적인 판단이 들어간다.

코팅 시스템이 균열이 일어날 때까지 동일하게 반복적으로 접는 것은 위 방법의 변형이다. 폴드 수가 많을수록 유연성이 좋은 샘플이다. 그러나 이 테스트는 두 시스템을 구분하지 못한다.

이 테스트는 인쇄된 용지의 상태, 취화를 일으킬 수 있는 프로세스에 따라 달라진다. 인쇄전 종이나 보드에 사용된 다양한 무기 코팅이 결과에 영향을 줄 수 있다.

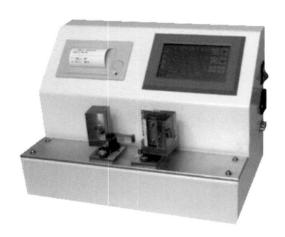

그림 33 PIRA 방추도 시험기

PIRA는 생산 조건을 재현 할 수 있는 기기를 고안했다. 올드 벤치 톱 (old bench top) 기계는 여러 염료가 고정된 블록으로 구성된다. 이 염료의 모양과 두께는 다양하므로 다른 검사도 함께 진행된다. 비슷한 모양의 슬롯이 염료 바로 아래 있다. 테스트할 코팅 보드는 상단과 하단 블록 사이에 놓는다. 블록이 압력을 주며 압력과 체류 시간은 다양하게 조절할 수 있다. 이 시험기는 그림 33에 나와있다.

8.8.1.2 T 벤드 테스트

위에서 설명한 간단한 주름 테스트를 확장하여 금속 표면에 적용된 코팅의 유연성을 평가 할 수 있다. 이 테스트는 T 벤드 테스트로 알려져 있으며 바이스(vice) 보다 장비가 더 필요하지 않다.

이 시험은 코팅된 기판의 얇은 스트립에서 수행되며, 그 끝은 180°로 접혀 있다. 바이스는 양면을 함께 압축하여 180°가 되도록 한다. 접착 테이프가 직접 폴드 상에 가할 때 코팅이 더 이상 벗겨지지 않을 때까지 금속을 반복적으로 접는다. 결과는 0T, 0.5T, 1T 등으로 표현한다(그림 34).

이 테스트는 가전 제품 및 사무실 장비 제조 과정에서 금속의 휨을 시뮬레이션 한다.

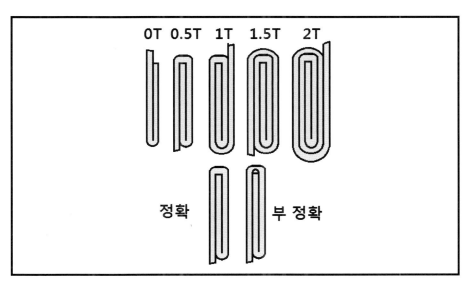

그림 34 굴곡T의 분류를 나타내는 도표

8.8.1.3 코니칼 맨드릴 벤드(Conical Mandrel Bend)

금속에 코팅은 이 시험을 사용하여 유연성 테스트를 할 수 있다. 시험의 재연성은 동일한 등급의 금속을 사용되는 경우에만 달성한다. 동일한 시험편에서 동일한 시험재를 사용해야 한다. 최종 결과에 영향을 줄 수 있는 불량품을 제거하려면 패널을 약간 둥글게 해야 한다.

그림 35에 나온 장비는 길이가 약 20cm이고 일단이 3.17mm이며, 다른 한쪽이 38mm인 강철 원뿔로 구성된다. 원뿔 축을 중심으로 회전 할 수

있는 레버가 장착되어 있다. 콘 아래의 클램프는 패널을 고정하는데 사용된다.

그림 35 원뿔 맨드렐 시험 기구

1114mm x 177mm의 패널을 가장 작은 지름의 끝단 가까이에 놓고 클램핑한다. 벤딩 암(bending arm)에 레버를 약 15초 동안 180° 각도로 원뿔 위로 가져온다. 벤딩 암과 금속 패널 사이의 용지는 윤활제로 사용된다.

평가는 맨드렐의 끝에서 가장 먼 틈의 끝까지의 거리를 측정한다. 이 시점에서 원뿔의 직경은 원통 맨드렐 결과(나중에 볼 수 있음)와 비교가 가능하도록 되어있다. 정량적인 연신율 측정은 그래프로 얻을 수 있다(그림 36). 유연성은 필름 두께에 따라 달라지므로 보정 계수를 적용해야 한다(그림 37).

테스트가 일정하게 속도를 유지하는 것이 중요하다. 속도가 증가함에 따라 유연성이 줄어들 수 있기 때문이다.

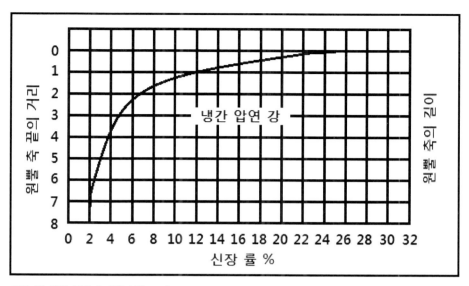

그림 36 원뿔 직경에 대한 신율 그래프

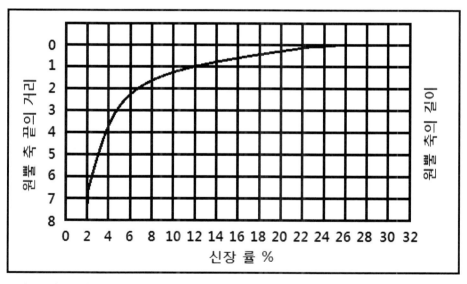

그림 37 필름 두께의 교정 그래프

8.8.1.4 원통형 맨드렐 벤드(Cylindrical Mandrel Bend)

이전 섹션의 테스트와 유사하지만 테스트는 원뿔 대신 원통형 맨드렐 세트를 사용한다. 맨드렐은 지름이 다양하며 가장 작은 것부터 가장 큰 것 까지 실린더에서 테스트된다. 균열이 발생하지 않은 직경은 유연성의 정성적인 척도로 간주된다. 이 테스트는 금속, 종이, 보드, 플라스틱에 적용 할 수 있다.

8.8.1.5 충격 시험(Impact Tests)

금속은 스탬핑(stamping) 공정을 사용하여 형성된다. 이 처리를 거친 예비 페인트 금속 시트는 균열이나 긁힘 없이 통과해야 한다. 충격 시험은 실험실에서 생산 라인 조건을 재현하는데 사용되며, 정방향 및 역방향의 두가지 유형이 있다. 둘다 수평면에 고정된 금속 표면과 접촉하는 금속 슬러그(slug)에 표준 거리를 통해 떨어뜨리는 시험이다. 전방 충격 시험은 코팅이 위를 향하게 하며, 역방향 충격 시험은 코팅이 아래로 향하도록 한다.

코팅이 손상 되거나 접착력이 감소하면 검사된다. 일부 다른 시험 방법의 경우 필름의 십자선 부분에 역충격 시험을 한다. 제거된 사각형 수는 충격 저항의 정량적 척도로 사용된다. 정방향 측정에서 양호해서 꼭 역방향 측정도 양호하지 않다는 것은 유의해야 한다.

8.8.1.6 슬로우 드로 테스트 (The Slow Draw Test)

필름의 형성(forming)은 언론에서 마주 치는 것보다 좀더 점진적인 방식으로 달성할 수 있다. 예를 들어 코팅된 강철은 롤이 형성된다. 따라서 충격 시험과 유사한 시험이 이런 공정에 영향을 받는 코팅을 평가한다.

코팅된 금속 패널은 먼저 설명한 것과 같이 100개의 정사각형의 패턴으로 마무리 된다. 교차 해지된 영역은 원형 클램프의 중앙에 위치하며 둥근 금속 피스톤은 뒤에서 강철을 통해 밀려난다. 정방향 이동 속도와 이동 거리는 최종 목적에 따라 미리 설정된 매개 변수다.

그러나 12mm/min의 속도를 자주 쓰이며, 7mm 또는 8mm의 돔도 일반적이다.

균열의 흔적이 보이지 않는 코팅은 시험이 잘 진행된 것으로 간주한다. 차이점을 구분하기 위해 점착 테이프가 크로스 해치된 돔 위에 놓인 다음 떼어낸다. 100개 이상의 사각형으로 유지율을 측정한다. 대부분의 기존 코팅은 8mm 돔에서 100% 유지율을 달성한다. 금속이 노출되면 프라이머와 금속 사이의 결합이 너무 약함을 의미한다. 유사하게 프라이머가 노출되면 내부 코팅 접착력이 떨어짐을 의미한다.

이 시험의 한가지 문제점은 접착력에 대한 겉보기 유연성이 상호 의존성이라 시험 도중, 시험 후 도료의 개별적인 유연성, 접착력의 척도로 사용될 수 없다.

분광학적 특성

화학 물질 등을 분석하기 위한 기기 들은 보통 빛을 이용한 기기이며, 세밀한 정보를 많이 보여주게 되었다. 유기 화학에서 사용하는 가장 일반적인 기술은 적외선 분광법(IR), 마이크로파, 자외선/가시광(UV/Vis), 핵자기 공명 분광법(NMR)이다.

NMR은 구조의 정보를 나타내주는 가장 일반적인 기기이나, 피크의 인터플렛(interpret)에 의해 해석하기 어렵게 된다. IR 스펙트럼은 진동 전이에 따라 기능기의 존재 유무를 알 수 있으며, 이로 인한 구조 정보를 제공한다. NMR 보다는 구조를 잘 알 수 없지만, 비교적 간단한 방법으로 많이 쓰인다. 따라서 분자량도 분자량이지만 기본적으로 유사한 기능성을 갖는 고분자 화학에서 이러한 기기들이 많이 쓰인다.

UV/Vis 분광학은 전자 전이에 따라 달라지며, 각 전자 상태와 관련된 진동을 흡수하는 범위가 매우 넓어서 세부 정보를 알기 힘들다. 그러나 광개시제가 흡수하는 위치와 특정한 입사광으로 인해 특정 피크를 보여주기 때문에 매우 유용하게 쓰인다.

9.1 IR 분광법 (IR SPECTROSCOPY)

9.1.1 정성 분석

고분자 시스템에 IR 분광법은 정성 분석 도구로서 NMR과 함께 널리 쓰이는 기기이다. 간단하며, 결과 도출 시간도 짧은 장점이 있다. 표 15는 광경화 올리고머와 단량체에 존재하는 공통된 작용기와 흡수 밴드의 위치를 대략적으로 열거했다.

표 15 광 경화성 화합물에서 발견된 작용기와 흡수대의 상관관계

작용기	진동	예시 구조	흡수대	세기
$C=C$	신축	$C=C-C=O$	$1635 \ cm^{-1}$ $1618 \ cm^{-1}$ } 겹침	약함
$C\ddot{=}C$	신축	$C-C\ddot{=}C-O$	$1410 \ cm^{-1}$	강함
$H-C=C$	변형	$H_2C=C-C=O$ (H)	$810 \ cm^{-1}$	강함
에폭사이드 (O) $C-C$			$780\sim800 \ cm^{-1}$ $\sim910 \ cm^{-1}$ $\sim1250 \ cm^{-1}$	중간 중간 중간
$C=O$	신축	$C=C-C=O$	$1725 \ cm^{-1}$	강함
$C-O$	신축	$C-O$ (O=C)	$1295 \ cm^{-1}$	강함
$C-O$	신축	$-C-O-C$ (O=C)	$1025 \ cm^{-1}$	강함
$C-O-C$	에테르의 신축		$1180\sim1130 \ cm^{-1}$	강함
$C-H$	비스페놀 A의 변형		$1608 \ cm^{-1}$ $1580 \ cm^{-1}$ $1510 \ cm^{-1}$ $832 \ cm^{-1}$	중간 약함 강함 중간

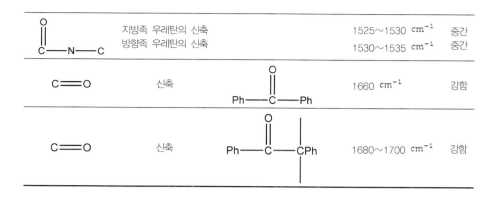

O‖C—N—C	지방족 우레탄의 신축 방향족 우레탄의 신축		1525~1530 cm⁻¹ 1530~1535 cm⁻¹	중간 중간
C═O	신축	Ph—C—Ph (O위)	1660 cm⁻¹	강함
C═O	신축	Ph—C—CPh (O위)	1680~1700 cm⁻¹	강함

그림 38-41은 광경화 수지에서 통상적으로 보이는 IR 스펙트럼을 보여준다. Nicolet Instrument UK Ltd의 의례

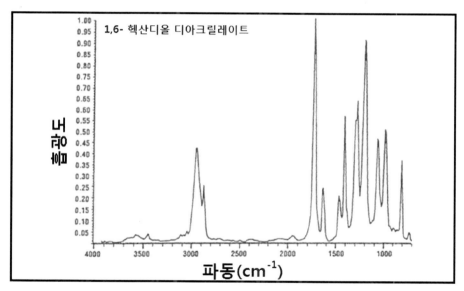

그림 38 HDDA의 IR 스펙트럼

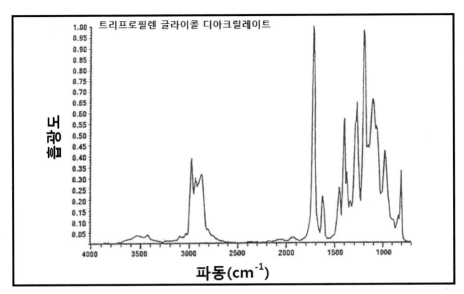

그림 39 TPGDA의 IR 스펙트럼

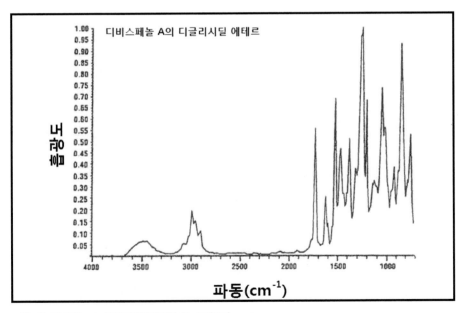

그림 40 비스페놀 A 디아크릴레이트의 IR 스펙트럼

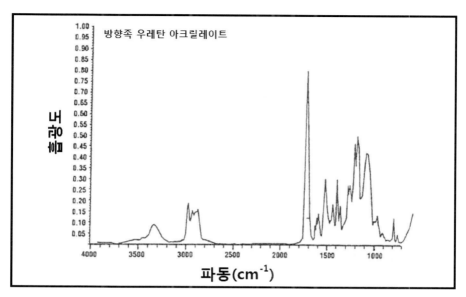

세로축 레이블: 흡광도

그래프 상단 텍스트: 방향족 우레탄 아크릴레이트

가로축: 파동(cm^{-1})

그림 41 방향족 우레탄 아크릴레이트의 IR 스펙트럼

분자는 적당한 에너지를 가진 광자로 인하여 진동하는 그룹이 있고, 이들이 상호작용 하면서 자외선 빛을 흡수하면 이 진동은 더욱 빨라진다. 회전의 레벨은 각각의 진동 레벨과 관련이 있으며, 특정 파수에 대한 흡수로 생긴 플롯은 단일 라인이 아니라 넓은 라인이 생긴다. 기능기들은 이들과 결합한 분자와는 무관하게 거의 동일한 파수의 빛을 흡수하는 경향이 있다. 이러한 현상은 매우 유용하게 쓰인다. 그럼에도 불구하고 주변 환경에 의해, 즉 기능기와 결합한 분자에 따라 피크의 위치와 강도가 미묘하게 변할 수 있다.

IR 분광법은 상대적으로 민감하지 않기 때문에 흐름, 슬립 첨가제 같은 미량으로 들어간 불순물은 감지하기 어렵다. 그러나 두가지 이상 배치 수지 혹은 코팅 사이의 품질 비교 등은 할 수 있다. 표준과 비교군은 사실상 동일한 결과를 산출해야 한다. 이 재현성 시험은 결과를 신속하게 수집할 수 있으며, 스펙트럼을 표시할 수 있는 전산 도구를 이용하면 더 유용하게 쓰일 수 있다.

더욱이 다성분 물질의 스펙트럼은 몇가지 중요한 기능기만 확인하여 수지, 코팅의 주요 구성 성분에 대한 아이디어를 얻을 수 있다. 더 자세한 결과가 필요하면 GC 또는 GPC(나중에 참고)를 이용한다. GPC는 용매를 제거한 후 수행하며, 다른 부분으로 IR을 사용하여 분석 할 수 있다. 이런 기기 기술은 GC와 IR 사이의 커플링하여 가스 흐름의 개별 구성 요소를 식별 가능 할 정도로 발전하였다.

서클 셀(Circle Cell)을 사용하여 샘플을 분리하지 않고 GPC까지 분석하려는 시도가 있었지만, 용매는 고농축 관점에서 적외선을 매우 강하게 흡수하여 결과를 신용할 수 없었다.

9.1.2 IR 장비 종류

첫번째 IR 스펙트럼은 전체 주파수 범위의 조사 후 화합물이 흡수한 빛을 플로팅하는 방식이다. 이 방법은 1940년에부터 진행했다. 이 방법은 스펙트럼으로 알려진 전형적인 그래프를 나타냈다. 계측은 비슷한 선을 따라가며 광원에서 나온 빛을 시료 광선과 레퍼런스(reference)선으로 분리한다. 그 다음 회전 거울이 양자를 모노 크로미터를 통과하여 탐지기로 향하게 하여 비교가 가능하게 하였다. 모노 크로미터는 회절 격자 또는 염화나트륨 프리즘으로 구성된다. 이것은 적외선의 스펙트럼이 스캔 될 수 있도록 회전이 가능하다. XY 플로터는 회절 격자의 회전과 동일한 속도로 실행되며, 시간에 대한 흡수 그래프가 나타난다. 주파수 단위로 교정된 차트 용지는 시간을 주파수로 변환하여 스펙트럼을 생성하는데 사용될 수 있다. 이는 분산 분광기(dispersive spectrometer)라 불린다. 분산 분광기의 주요 단점은 각 주파수를 개별적으로 검사했을 때 탐지기에서 사용할 수 있는 빛의 양이 적은 것이다. 이런 단점을 해결하기 위해 기능이 좋은 분광기의 나오게 되었다.

이러한 발전으로 신호 대비 잡음비가 향성되고, 계측기가 더 세밀해 졌으며, 데이터의 디지털화가 가능해짐에 따라 컴퓨터, 전자 장치가 크게 개선되었다. 그러나 정확한 결과를 얻기 위해 필요한 시간은 여전히 길었으며, 빛의 낮은 처리량 또한 단점으로 지적되었다.

이 문제의 해답은 샘플을 '흰색(white)'영역 자외선에 노출시켜 모든 주파수에 동시에 노출시키는 방법이다. 이 경로는 마이클슨(Michelson) 간섭계를 사용하여 두개의 거울을 서로 직각으로 배치하는 방식으로 처음 조사되었다. 이중 하나는 축을 따라 움직이는 반면 다른 하나는 고정되어 있다. 그림 42는 마이클슨 간섭계의 개략도를 보여준다.

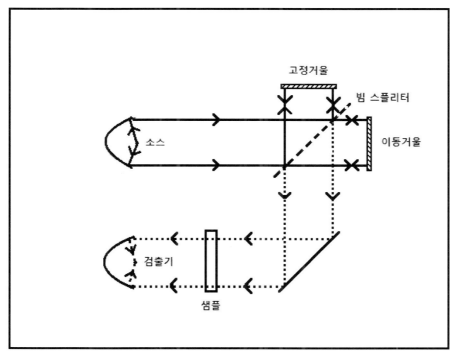

그림 42 마이컬슨 간섭계

스플리터(splitter)는 양쪽에 45° 각도로 배치된다. 적외선은 스플리터에 의해 반으로 분할 되며 다음 거울로 이동한다. 스플리터에서 모두 같은 거리이며, 모든 파장의 반사된 빛은 스플리터에서 보강 간섭을 일으키고 약 50%가 샘플로 향하게 된다. 거울 B가 이동함에 따라 위상이 빛이 이동하는 거리와 관련있어서, 서로 다른 파장이 스플리터에서 위상이 다르게 된다. 이와달리, 스플리터에서 거울 B까지 거리가 스플리터에서 거울 A까지 거리보다 파장의 1/4 만큼 큰 경우 한 광선이 다른 광선과 비교하여 이동 거리는 파장의 반값이다. 결과적으로 두 개의 파장은 180°의 위상차를 가지며 강하게 간섭한다. 동시에 다른 파장은 보다 크거나 작은 정도로 미세하게 간섭한다. 거울 B가 이동한 거리에 따른 강도는 그림 43과 같이 간섭 무늬가 발생한다.

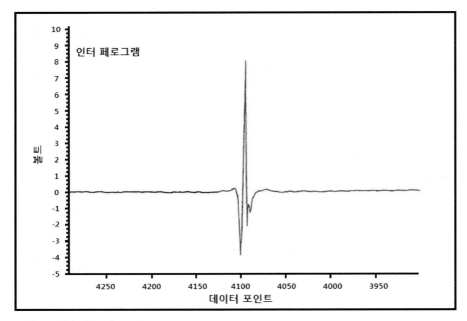

그림 43 인터 페로그램

인터페로그램(Interferogram)은 푸리에(Fourier) 변환에 의해 IR 스팩트럼으로 변환 할 수 있지만 시간이 많이 걸린다. 1960년 푸리에 변환을 더 빠르게 할 수 있는 기법을 발견하였고 1970년대 중반부터 컴퓨터와 병행하며 푸리에 변환- 적외선 분광법(FT-IR)이 도입되었다. 1980년대 초에 상대적으로 저렴하며 신뢰도가 높아 시장에 빠르게 선보였다. 이 후 FT-IR 장비를 많이 사용하여 처리량과 신호 대비 잡음비가 크게 향상되고 결과를 10초 이내에 얻을 수 있게 되었고, 신뢰도 또한 높았다.

9.1.3 대체 샘플링 기법

전통적으로 IR 분광법은 포타슘 브로마이드 또는 염화 나트륨 디스크를 기질로 사용하였다. 이 두 물질은 적외선에 대해 투명하며, 직접적으로 결과에 영향을 미치지 않는다. 그러나 시료가 자체 기판과 접촉하는 고체 코팅 경우 이러한 플레이트를 사용하는 것이 꼭 편리한 것은 아니다.

이 문제를 해결하기 위해 분산 장비와 함께 사용되는 반사 기술이 나오게 되었다.

9.1.3.1 ATR(Attenuated Total Reflectance)

ATR 방식은 물질 표면을 조사할 수 있게 해주는 기술이다. 적외선 빛은 고굴절률의 결정(예: KRS-5(브로모-아이오다이드(Bromo-Iodide)), 아연 셀렌(Zinc Selenide) 또는 게르마늄(Germanium))으로 변환된다. 입사각이 정확하면, 빛은 결정체와 접촉한 표면에서 반사된 다음 결정체에서 검출기로 반사 될 수 있다. 크리스탈과 접촉하여 놓은 유기 코팅은 빛의 일부를 선택적으로 흡수하고 이는 스펙트럼으로 얻어진다. 샘플에 빛이 침투하는 유효 깊이는 다음과 같다.

$$d_p = \frac{\lambda_0}{2\pi n_1 (\sin^2\theta - n_{21}{}^2)^{1/2}}$$

(식 25)

침투의 깊이는 스펙트럼 전체에 걸쳐 다양할 것이며, 이는 피크의 강도도 변할 것이다. 높은 파수(낮은 파장)에서는 침투가 낮아 강도가 떨어진다. 파수가 감소함에 따라 피크가 강해져 ATR 스펙트럼이 전송 스펙트럼과 다른 모양을 가질 수 있다.

n_1의 값이 높으며, 높은 입사각은 n_2가 변경 될 때$(sin^2\theta-n_{21}{}^2)^{1/2}$의 변화를 감소시킨다. 따라서 높은 입사각과 고굴절률의 광학 요소는 강도를 줄이며 스펙트럼 질을 향상시킨다. 그리고 스펙트럼은 표면의 스펙트럼으로 제한한다. 반사의 수는 MIR(Multiple Internal Reflectance)로 알려진 기술로 낮은 강도에 따라 증가한다. 침투에 대한 일반적인 값은 0.6~3 마이크론 사이이다.

이 유형은 초기에는 샘플을 수직으로 장착했는데 FT-IR 장비의 발전으로 수평 방향 결정체를 사용할 수 있게 되었다. 이로 인해 상온 건조 알키드에서 일어나는 반응도 측정이 가능하게 되었다. 고체 코팅을 측정하기 위해선 결정과 표면 사이 우수한 습윤과 접촉이 필요하며, 샘플을 고정하는 클램프가 단단할 필요가 없기 때문에 고체 샘플이 유연한 경우 쉽게 측정할 수 있다. 기판이 금속 패널인 경우 샘플이 너무 단단하기 때문에 접촉이 어려울 수 있다. 접점을 알맞게 하기 위해 클램프가 크리스털이 부서지기 전까지 조여야 한다.

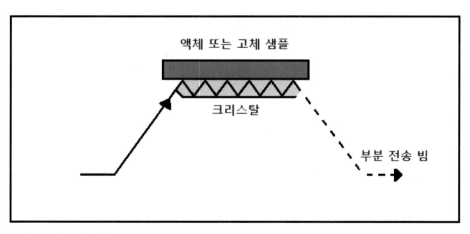

그림 44 ART 수평 배치

대물렌즈 or 오브젝티브(Objective) ATR은 단단한 샘플과 표면이 고르지 않는 샘플까지 측정 가능하게 하는 최근 기술이다. 이는 아연 셀라이드(Zinc Selinide)와 같은 ATR 물질의 작은 결정을 현미경의 대물렌즈에 통합하였다. 결정이 표면과 접촉하게 되면, 적외선은 FT-IR 분광기에 연결된 0.25mm MCT 검출기로 향하게 한다. 이전에 표면을 일반 광학 렌즈를 통해 측량이 가능하다. 이 측량 모드를 사용하여 선택된 특정 지점은 광학 시스템이 캐러셀(carousel)에 배열 되어 분광계에 의해 조사된 지점이다. 이 결과는 샘플의 작은 결점을 검사할 수 있다. 대부분 샘플 유형의 스펙트럼은 1분 이내로 얻을 수 있다.

카본 블랙으로 채워진 시료와 같이 흡수율이 높은 경우, 굴절률이 높고 침투 깊이가 낮은 게르마늄 결정으로 해결할 수 있다. 금속 패널에 풍화된 페인트는 금속 바디 조각에 자동차 페인트의 결함으로 검사되었다.

9.1.3.2 경면 반사율

정반사는 이전에 정의 되었다. 이 기술로 샘플을 실행의 필요한 장비는 간단하다. 거울은 샘플 표면에 빛을 반사시키고 빛은 탐지기로 향하도록 두번째 마이너 위치에 빛을 반사한다(그림 45). 샘플이 금속 위에 얇고 투명할 경우에만 분산 장비를 사용하여 결과를 얻을 수 있다. FT-IR의 기술은 점점 발전하여 착색된 코팅도 검사 할 수 있게 되었다. 그러나 이 방법의 핵심 원리는 금속 표면의 코팅이 제한된다. 즉 빛은 코팅을 투과하여 금속 표면으로 반사 될 수 있어야 한다. 이전과 같이 일부 빛은 코팅에 선택적으로 흡수되므로 코팅되지 않은 기판의 스펙트럼과 비교하면 코팅의 스펙트럼이 나타난다.

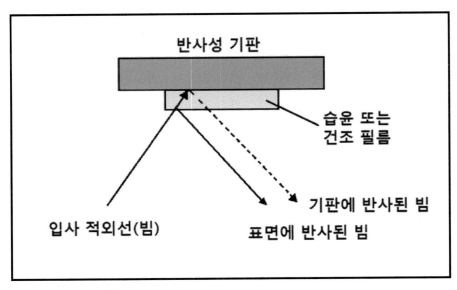

그림 45. 정반사 반사 원리

　너무 두꺼운 코팅은 너무 많은 빛을 흡수하여 결과가 좋지 않다. 이는 비반사 기판을 사용하는 경우에도 해당된다.

　코팅 표면에서 반사되는 빛의 간섭으로 문제가 발생할 수 있다. 그러나 발전된 계산 방식으로 비반사 기판 위 코팅의 스펙트럼을 얻을 수 있다. 이 배경 이론은 비반사 기판이 고반사 기판에 의해 반사 흡수 성분을 감소시킨 것에서 출발 하였다.

9.1.3.3 확산 반사율(Diffuse Reflectance)(DRIFTS)

　시료에서 확산 반사된 빛은 타원형 거울을 사용해 수집한 다음 검출기로 보낼 수 있다. 이 기술은 KBr로 희석한 파우더로 수행 할 수 있다. 반사율이 높은 재료는 정반사를 발생시켜 이 방법을 사용할 수 없다.

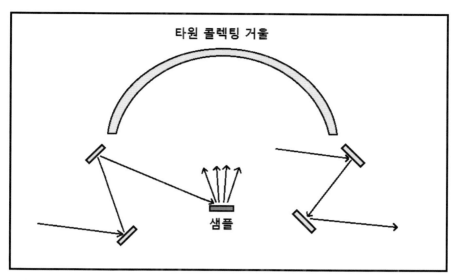

그림 46 드리프트 악세서리 원리

코팅을 분석하는데 사용할 수 있는 기술은 실리콘 카바이드 페이퍼 (silicon carbide paper)로 코팅을 마모시킨 다음 마모된 물질을 측정하는 것이다. 이 기술의 문제점 중 하나는 실리콘 카바이드가 IR 영역에서 흡수되어 피크로 나타난다는 것이다. 그래서 이 조각들은 분말 KBr 위에 놓는 것이 가장 적합하다. 이 기술은 FT-IR에서만 사용 가능하다. 큰 공백이 있는 스펙트럼은 백그라운드가 샘플보다 반사가 적기 때문에 고광택 거울로 백그라운드를 잡으면 반감 될 수 있다.

9.1.3.4 광음향(Photoacoustic)(PAS)

FT-IR에서 사용할 수 있는 가장 특이한 장비는 광음향 셀이다. 간단한 형태는 샘플과 음향적으로 격리된 챔버로 구성된다. 챔버는 헬륨으로 채운다. 변조 된 빛, 시간에 따라 강도가 규칙적으로 변화하는 빛(켜지거나 꺼지는)은 표본으로 향하게 된다. 빛을 흡수한 샘플은 다양한 들뜬 에너지로 인하여 약간 따뜻해진다. 생성된 열은 표면과 접촉하여 가스층을 가열한다. 이 층은 팽창하여 압력 파동을 일으킨다. 방사가 없는 붕괴 과정이 진동 주기보다 매우 빠르기 때문에 프로세스는 변조된 빛과 동일한 주파수로 주기적으로 발생한다. 따라서 일련의 압력 증가 및 감소가 민감한 마이크로 감지까지 가능한 음향 신호는 셀에서 발생시킨다. 그림 47에서 기본 원리를 보여준다.

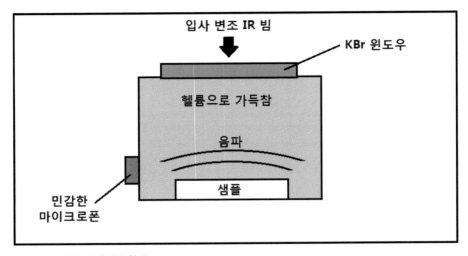

그림 47 광음향 악세서리 원리

마이켈슨 간섭계(Michelson Interferometer)에 의해 생성된 간섭 패턴은 주파수에 따라 빛을 변화하여 높은 주파수의 변화가 더 크게 된다. 따라서 간섭계로부터 출력은 광 음향 셀의 자연적인 소스이며, 푸리에 변환 분석은 최종 신호의 해석을 위한 선택적인 방법이다. 스펙트럼은 FT-IR-PAS를 사용하여 적외선 분광법의 범위를 벗어난 샘플도 측정할 수 있다. 최근 이 기술은 열 경화 코팅, UV 경화, 풍화, 열화 섬유 코팅을 위한 경화 공정 연구에 적용되고 있다.

PA 현상 이론은 여러 미분 방정식을 결합하여 밀폐된 셀 내에서 사인파(Sin) 압력 변화를 모델링 할 수 있는 복잡한 방정식이다. 2개의 매개변수의 우선 순위가 중요하며, μ는 열 확산 깊이이고 l_β는 빛의 총 흡수된 깊이이다.

146

흡수가 낮은 ($l_ß$이 크다) 파장에 대한 시료 두께가 $\mu>1$ 일 때, 흡수된 에너지의 일부가 신호에 기여하므로 ß에 흡수 계수가 비례한다. $\mu<1$ 일 때도 $l_ß$이 클 경우 신호 강도와 ß 사이에는 여전히 비례 관계가 있다. 흡수가 높은 $\mu>>l_ß$ 이고 흡수된 모든 에너지가 신호에 기여하는 경우 μ이 $l_ß$ 보다 낮은 값으로 감소되면 광음향 포화가 발생한다.

열 확산 깊이는 다음에 의해 변조 주파수(ω)와 열확산 계수(α)와 관련된다.

$$\mu = (\frac{2\alpha}{\omega})^{\frac{1}{2}}$$

(식 26)

따라서 증가하여 ω가 감소하게 된다.

FT-IR 분광계에서 ω는 거울 속도 V와 파장 λ에 의해 조절된다.

$$\omega = (\frac{2V}{\lambda}) \text{ or } 2V\,\bar{v}$$

(식 27)

여기서 v는 파수이다.

따라서 일정한 거울 속도 ω에 대해, 높은 파수에서 ω는 낮고, 낮은 신호 강도를 야기하는 낮은 μ를 발생시켜 신호 강도가 낮다. 낮은 파수에서는 μ가 커서 신호 강도가 그에 따라 크게 되므로 ATR 스펙트럼과 PA 스펙트럼은 절단된 피크 형태의 광음향 포화가 발생하지 않는 것처럼 보일 수 있다.

9.1.4 정량 분석

7장에서 강조된 경화 범위를 결정하는 방법은 정량적 방법이였다. 절대값은 IR 분광학을 사용하여 경화 매커니즘과 관련된 기능기들이 없어지는 과정을 모니터링하여 확인 할 수 있다.

비어(Beers law) 법칙에 따르면, 흡수 밴드의 강도는 빛을 통과하는 샘플의 흡수 및 길이 또는 깊이를 담당하는 특정 부분에 농도와 비례한다. 비례 상수는 특정 화합물의 특정 기능기에 관련된다. 따라서 두께가 본질적으로 일정하게 유지되고 동일한 파수에서 측정이 수행되면 흡수와 농도 사이에 직접적인 관계가 있다.

흡광도를 평가하는 가장 좋은 방법 중 하나는 밴드의 최소점에 접선 방향의 기준선을 그려 넣고 그림 48과 같이 둘러싸인 영역을 통합하는 것이다. 경화 중 특정 영역이 초기 기본선 아래로 떨어지면 문제가 발생한다. 보다 근본적인 문제는 밴드의 겹침이다. 이런 어려움으로 인해 두번째 방법이 제시되었다. 이는 피크 높이가 일정한 기준선으로부터 정량화 될 것을 요구한다.

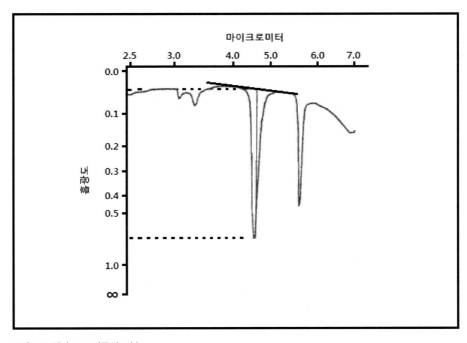

그림 48 일러스트 기준선 기술

일정한 필름 두께가 유지되지 않을 수 있기 때문에 샘플간의 상관 관계

148

가 어려울 수 있다. 이러한 이유로 종종 내부 표준, 즉 필름을 보정하는데 사용되는 경화 영역에서 분리된 분자와 연관된 밴드가 사용된다. 예를 들어 –CH3 그룹의 C-H 변형에 기인한 TMPTA의 1380cm^{-1} 밴드가 사용되었다. 또 다른 예시는 주사슬의 2+2 시클로 첨가의 경화율을 모니터하는 동안 내부 표준으로 작용할 수 있도록 고분자 주사슬에 히단토인(hydantoin) 잔기를 의도적으로 포함 시킨 것이다.

불포화에 대한 절대값을 얻으려면 막 두께를 정확하게 측정해야 하며, 이전 실험에서 810cm^{-1}의 흡광 계수를 결정해야 한다.

문헌은 경화 정도를 모니터하는 동안 IR 분광학의 적용을 설명하는 많은 논문으로 되어있다. 아크릴 이중 결합의 C-H 외 평면 변형과 관련된 810cm^{-1} 밴드가 아크릴레이트 경화와 관련있다. 결합을 통해 C=C, C=O 그룹 사이의 탄소 탄소 결합에 기인하는 1410cm^{-1} 밴드는 접합시 경화가 명백하게 파괴되어 밴드가 사라진다. 세번째로 1635cm^{-1}와 1618cm^{-1}의 이웃 밴드들에 의한 반올림이다. 고리형 비닐 에테르의 비닐기는 약 1650cm^{-1}을 흡수하며 반응 과정을 추적하는데 사용된다. 784cm^{-1}의 에폭시드 밴드는 양이온 시스템에 대한 경화법에 대한 정보를 알려준다.

아크릴레이트는 솔트 플레이트(salt flats)에 캐스트되어 경화 될 수 있다. 이어서, 반응 전후에 투과 스펙트럼을 얻을 수 있다. 공기는 두번째 솔트 플레이트로 덮음으로써 제외 될 수 있지만, 평면이 영구 접촉이 되지 않도록 투면 플루오르 카본 몰드 이형재로 전처리가 필요하다. 테플론 스페이서는 또한 표준 필름 두께를 생산하기 위해 사용된다. 필름이 단일 평면 위에 펼쳐지는 경우, 경화된 코팅의 제거는 실리콘 카바이드 페이퍼로 연마하여 진행한다.

특수 광학 장치는 분광계 샘플을 구별하여 현장에서 코팅을 조사하도록 배치 될 수 있지만, 순차적 측정은 경화 조건을 실제 사용되는 조건과 비슷하게 사용할 수 있으며 결과가 후 경화에 크게 영향을 받지 않기 때문에 선호된다.

얇은 착색 코팅은 이 방법을 사용하여 연구가 가능하지만, 두꺼운 착색 코팅 경우 너무 많은 적외선을 흡수한다. 에폭시 기반 경화법은 염화 이온이 양이온을 제거 할 때 염분에 의해 독성을 일으켜 경화가 중단된다. 이를 해결하기 위해 투과 분광기의 필름을 폴리에틸렌으로 사용하는 것이다. 그러나 포스트 베이크의 효과로 폴리에틸렌이 녹을 수 있어 이 기술은 사용이 어렵다.

실시간 적외선 분광법(RTIR)은 $810cm^{-1}$의 주파수로 설정된 조사 장비를 사용한다. 검출기는 XY 플로터에 샘플에 조사된 빛이 공급되어 출력한다. 따라서 흡광도는 시간의 함수로서 플롯 될 수 있으며, 이는 순차적인 반응을 측정을 할 수 있다. 초기 실험 결과는 광개시제, 올리고머, 필름 두께 및 광도의 변화에 대한 정보를 제공한다. 더 나아가 우레탄 아크릴레이트의 대부분 아크릴 이중 결합은 0.1초 조사 후 사라졌다. 그러나 0.5초 후까지 표면은 점성이 있으며, 스크래치가 없는 표면은 2초 후 달성되었다. 이 현상은 주로 상부층의 산소 억제와 관련이 있다. 조율자는 경화 정도를 평가하는데 한 기술만을 사용하는 것에 주의해야 한다.

정반사는 정량 분석에 적합하고 비접촉 방식이기 때문에 초기 습윤 상태에서 경화 과정을 모니터하는데 사용된다. ATR은 유연한 고체 필름 경화를 검사할 수 있지만 접촉 기술이므로 습윤 상태에서 경화 정도를 모니터링 하는 것에는 사용되지 못한다. 확산 반사는 이 용도에 적합하지 않다.

광음향 기술은 거울 속도와 변조 주파수를 변화 시켜 다양한 깊이에서 코팅의 스펙트럼을 얻을 수 있다. 그러나 광음향 포화를 주의하며 결과를 해석해야 한다. 아크릴레이트 경화 분석에서 FT-IR-PAS를 정량적으로 사용하려면, 첫번째로 산소 저해 정도를 조사한 후 아크릴레이트와 에폭시드가 전자빔에 노출될 때 발생하는 반응을 본다. 전자 혹은 라디칼 스캐빈저로 EB 경화 필름에 투여한 결과는 광음향 기술로 관찰하였다. 최근에는 FT-IR 광음향 기술은 광 DSC와 비교되었으며, 정량 분석과 관련하면 광음향 측정이 더 유리하다.

9.2 UV/VIS 분광법

9.2.1 장치

자외선과 가시 광선의 에너지는 외부 결합 궤도 또는 비결합 궤도 간의 에너지 차이와 유사하다. 따라서 광자의 흡수는 전자 촉진을 동반한다. 가장 일반적인 전환 중 하나는 카보닐 그룹이 있는 화합물에서 n-π 전환이다. 이 화합물은 π-π 전이 하에서 불포화를 갖는다.

정성 분석 정보는 종종 고주파가 관련되거나 진동 또는 회전의 변화와 관련되어 활용 범위를 식별하는 것으로 제한된다. 많은 화합물은 UV 영역에서 매우 강하게 흡수되어 희석 용액에서만 얻을 수 있다. 가장 알맞은 용제는 아세토 니트릴, 물, 헥산, 에탄 같은 낮은 파장에서 흡수하는 것이다.

UV/Vis 흡수 스펙트럼을 얻는 방법으론 길이가 10mm인 석영셀에 희석 액을 넣고 분광 홀더에 삽입하는 것이다. 표준 셀은 표준 홀더에 삽입되어야 하며, 이는 시료로 사용된 용제와 동일한 용제로 구성되어야 한다.

장비는 일반적으로 190~1000nm 까지 스캔 할 수 있다. 이들 중 하나는 장치의 거울을 통해 단색계로 향하게 된다. 그 다음 단색광은 표준 또는 샘플을 통해 초퍼를 거쳐 다음 장치로 향한다. 샘플 혹은 표준 반대편에 있는 거울은 이러한 단색광을 검출기로 향하게 한다. 따라서 직접 비교가 항상 유지 된다. 장비에 포함된 거울은 흡수를 줄이기 위해 석영으로 만든다.

고체 시료 경우 구체 부속품을 사용하여 분석할 수 있다. 이 경우 샘플과 표준 위치는 안쪽에 흰색 코팅된 구면 홀에 위치시킨다. 빛의 확산 반사는 구 내에서 발생하므로 검출기는 직접 빛을 받는다. 정반사 액세서리는 고체 샘플을 분석에도 사용 가능하다. 그래서 입사각을 변경하는 것이 가능하다. 다른 방법으론 UV/Vis PAS를 사용하여 도료, 잉크, 기타 고형물을 분석 할 수 있다.

9.2.2 적용

농도의 대한 정량적인 분석은 UV/Vis 영역에서 발색단이 활성화 되면 분석이 가능하다. 재료가 비어 법칙(Beer's law)를 준수할 때 UV/Vis 분광법으로 품질 관리에 적용시킬 수 있다. 예를 들어 낮은 농도로 희석된 용액이 사용된다면, 광개시재 농도를 모니터링 할 수 있다. 표준은 알려진 양의 솔벤트로 진행하며, 샘플을 여러 배치로 희석하여 교정 곡선과 비교한다.

이중 결합 즉 불포화 결합은 발색단을 확장 시키므로, 에너지 차이가 감소됨에 따라 흡수 스펙트럼은 적색(장파장)쪽으로 이동한다. 경화 과정에서 이중 결합이 제거된 경우, 예를 들어 2+2 시클로 첨가에서 결합이 파괴되고 흡수가 사라지거나 스펙트럼이 청색(단파장)쪽으로 이동한다. 피크 높이를 모니터링하면, 경화 반응에 대한 정보를 얻을 수 있다.

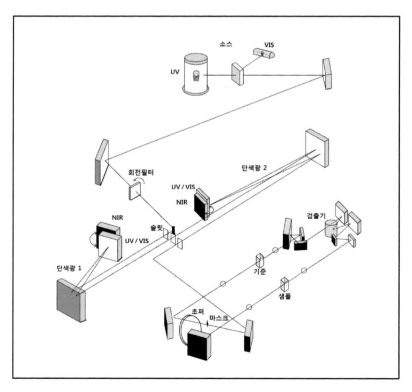

그림 49 UV spectrometer의 원리

9.3 NMR 분광법

양성자 NMR은 유기 화학자들이 가장 많이 쓰고 보급된 NMR이다. 강한 자기장에 샘플을 놓고 마이크로파를 조사한다. 회전하는 양성자 핵은 낮은 에너지 필드 또는 높은 에너지 필드에 대해 배향이 가능한 막대 자석으로 작용된다. 에너지 차이는 마이크로파의 에너지와 비슷하다. 그래서 흡수는 양성자 핵을 양자간에 '플립(flip)'하게 한다. 흡수된 주파수는 양성자의 화학적 환경에 따라 달라지므로 화학 구조를 분석 할 수 있다. ^{13}C의 핵은 질량이 크기 때문에 스펙트럼의 다른 영역에서도 같은 방식으로 거동된다. 또한 양성자보다 농도가 낮기 때문에 더 정교한 장치가 필요하다.

^1H-NMR의 모든 흡수는 임의로 0의 값으로 지정된 테트라 메틸 실란(TMS)의 흡수와 관련있다. 이 화합물은 분석 할 물질의 모든 용액에 포함되어 특정 위치에 피크를 나타낸다. 가장 일반적인 용매는 대부분 유기 화합물에 좋은 용매인 $CDCl_3$이며, 일반적인 클로로포름의 H를 중수소 원자로 대체되어 용매에 활성 핵이 존재하지 않는다.

다른 자기장 강도를 사용하는 분광계를 사용할 수 있다. 이는 흡수된 주파수에 영향을 미친다. 케미컬 시프트(δ)로 알려진 파라미터는 특정 그룹 양성자가 TSM으로부터 얼마나 멀리 흡수되는지를 나타낸다.

흡수의 대략적인 영역은 양성자의 일반적인 환경 즉 방향족이거나 이중 결합, 지방족 CH_2, 지방족 CH_3 등에 따라 좌우된다. 그러나 양성자는 또한 3, 4 결합을 통해 다른 양성자와 상호 작용하며, 이중선(doublet), 삼중선(triplet), 다중선(multiplet)등을 초래하는 스핀-스핀(spin-spin) 커플링 현상이 나타나 스펙트럼이 복잡해진다. 다중선의 개별 구성 요소 사이 거리는 결합 상수 J로 알려져 있다. 이 모든 데이터를 조합하면, NMR 분광기가 특정 화합물의 화학구조를 나타냄을 알 수 있다.

^{13}C 화학 물질은 일반적인 양성자 화학적 변화(10ppm~12ppm 사이)에 비해 220ppm 범위에서 변동한다. 또한 ^{13}C 핵은 100MHz 대신 25.1MHz

를 흡수한다.

아크릴 불포화 결합에 붙어있는 수소 원자는 포화 지방족 수소와 쉽게 식별이 가능하며, 경화 과정에서 쉽게 사용 될 수 있다. 그러나 대부분 샘플은 $CDCl_3$에 녹이므로 현실적인 결과를 얻지 못한다.

9.4 비교 금속 분석

독성 물질로 여겨지는 8개의 중금속이 있다.

- 납(Lead) (90mg/kg)
- 바륨(Barium) (500mg/kg)
- 카드뮴(Cadmium) (75mg/kg)
- 수은(Mercury) (60mg/kg)
- 안티모니(Antimony) (60mg/kg)
- 비소(Arsenic) (25mg/kg)
- 셀레늄(Selenium) (300mg/kg)
- 크롬(Chromium) (60mg/kg)

이와 같은 원소는 원자 흡수(AA) 분광법, X선 형광 분광법, 유도 결합 플라즈마 분광법(ICP) 등으로 정량적 검사가 가능하다. AA, ICP를 사용할 때는 시료를 적절한 용매에 용해 시켜야 한다. 그러나 X선 형광 분석법은 고상으로 제한되어 있다.

9.4.1 원자 흡광 광도법(AA)

불꽃을 이용하여 원소를 원자화 시킨다. 이 원소는 열 대신에 빛을 흡수하면서 들뜬 상태(excited)로 간다. 회전이나 진동 요소가 없으므로 파장은 열적으로 들뜬 상태의 샘플에서 방출된 파장과 동일하다. 그러므로 프로세스가 서로 대칭을 이루고 있다. 흡수된 빛의 양은 불꽃에 있는 원자의 농도, 그에 따른 빛의 경로와 관련있다. 농도를 알고 있는 표준으로 장비를 교정하면 다른 농도 측정을 할 수 있다.

불꽃을 통과하면, 빛은 특정 파장을 걸러주는 단색화 장치를 통과하며, 탐지기로 향한다. 검출기는 전기적으로 결과를 증폭시켜 데이터 디스플레이 또는 로깅 장치로 전송한다(그림50).

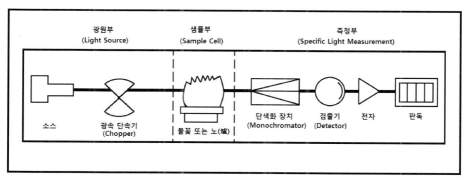

그림 50 원자흡수의 원리

광원은 일반적으로 중공 음극 램프(hollow cathode lamp) 또는 무전극 방전 램프(electrodeless discharge lamp)이다. 불꽃은 일반적으로 공기/아세틸렌 혼합물 또는 이산화질소/아세틸렌 혼합물에서 생성한다. 샘플은 에어로졸(aerosol) 상태로 불꽃에 도입된다.

불꽃 원자 흡수에 대한 검출 한계는 약 1μm/l 이다. 계측기는 비용이 상대적으로 저렴하며, 위의 범위 내에서 단일 요소 분석만 필요한 경우 일반적으로 3∼10초 정도 시간이 소요된다. 그러나, 특정 광원은 원자 흡수에 대한 각각의 요소가 필요하며, 단색광의 특정 파장에 대한 튜닝이 필요하다. 이 불꽃 위쪽의 가스를 바꿀 필요가 있다. 따라서 이 방식은 일반적으로 단일 요소 기술로 간주되며 다른 요소에 대한 측정할 때 걸리는 시간은 상당하나, 자동화에 의해 어느 정도 빨라 졌다. 이 경우 시스템은 샘플에서 하나의 원소 농도를 측정하도록 설정한다.

9.4.2 X선 형광법

원소의 내부 전자는 X선에 의해 자극 된다. 이는 바닥 상태로 떨어지면서 더 낮은 주파수의 X선을 방출하는 특징이 있다. 그래서 X선 형광이라는 용어로 쓰인다. 스펙트럼의 탐지와 결과의 분석은 정성 분석으로 이어질 수 있으며, 계측기가 보정되면 정량 분석으로 확장 될 수 있다.

9.4.3 ICP

불꽃에서 금속 원자의 외부의 궤도로부터 전자의 촉진을 초래하여 열적으로 들뜬 상태가 된다. 바닥 상태로 돌아가면 광자가 생성되며, 이 광자의 파장은 들뜬 상태와 바닥 상태 사이의 에너지 차이에 따라 달라지며, 이 상태의 파장은 특정 원소와 관련된다. 따라서 사용자가 요소에 의해 생성 된 색상을 알고 있다면 간단한 화염 테스트로 금속의 정성 분석을 수행 할 수 있다. 예를 들어, 구리는 녹색, 나트륨은 노란색, 칼륨은 핑크색이다.

원자 방출 분광학(atomic emission spectroscopy)은 이 과정을 이용하는 분석 기기다. 초기 기기는 공기/아세틸렌 불꽃으로 샘플의 원자를 들뜬 상태로 전이 시켜 분석을 수행하였다. 불꽃은 나중 고체 샘플을 분석 할 때 아크/스파크(arc/spark) 시스템과 같은 전열 소스로 대체되었지만 여전히 상당한 결점이 있었고 대부분의 분석가들은 AA를 선호했다.

지난 15년 동안 ICP의 도입으로 방출 분광학이 널리 보급되었다. 이 기기에서 화염 발생원은 아르곤으로 형성된 플라즈마로 대체되고 RF 필드와 이온화된 아르곤 가스의 상호 작용에 의해 유지된다. 플라즈마 온도는 10,000K로 될 수 있지만 샘플은 약 5500∼8000K 사이의 온도이다. 이 온도에서 원자는 들뜬 상태로 쉽게 달성된다(그림 51).

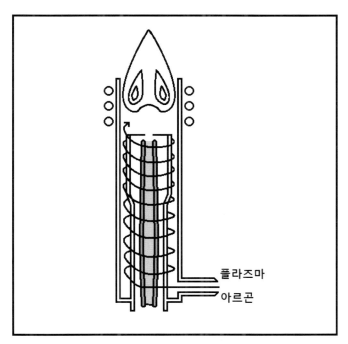

그림 51 ICP 플라즈마 생성

AA 보다 ICP의 가장 큰 장점은 검출기 시스템과 관련있다. 단색기가 에첼 분광기(Echelle polychromater), segmented-array charged-coupled device 검출기로 대체되었다. 이 검출기는 167nm~782nm 사이의 많은 수의 파장을 측정 할 수 있다. 이 결과 ICP는 AA와 같이 순차적으로 처리하지 않고 하나의 시료에서 분당 10~40개의 다른 금속 원자의 존재를 탐지 할 수 있게 되었다. 또 복잡한 샘플의 분석 시간을 줄여 비용을 절감 할 수 있다. 플라즈마는 2개의 석영 튜브에 의하여 고리를 형성한다. 이 고리에 아르곤을 불어 넣음으로 생성된다. 진동 자기장은 튜브의 상부를 감싸는 코일을 통하여 고주파 전력을 적용시켜 설정된다. 아르곤을 전기 방전에 노출 시키면 시드 전자와 이온이 생성되어 전도성을 갖게된다. 유도 자기장은 하전된 입자가 밀폐된 환형 경로로 흐르게 하지만 저항과 만나면서 가열과 추가 이온화를 일으켜 플라즈마를 생성한다(그림51).

샘플은 도넛 모양 플라즈마의 중심을 통해 에어졸 형태로 주입된다.

이는 샘플을 좁은 영역에 한정시켜 광학적으로 얇은 원을 방출시킨다. 아르곤을 사용하면 화학적으로 불활성 분위기가 조성되며, 분석에서 화학적 상호작용이 최소화된다. 이러한 이유로 아르곤은 시료의 연소 가스로도 사용된다.

감도(0.01g/l 이하)는 플라즈마에서 생성된 이온을 사중극(quadrupole) 질량 분석기로 통과시켜 알 수 있다. 질량 분석기는 질량 대 전하비에 따라 이온을 분리한다. 그 다음 검출기는 존재하는 특정 질량/ 전하 비율의 이온수를 정량화 할 수 있다. 이는 ICP-MS로 알려져 있다.

9.4.4 실제 적용

미량 금속 분석은 안료에 사용되는 금속 대 이온을 분석할 때 중요하다. 그러나 실생활에 쉽게 접촉 할 수 있는 코팅제에 허용되는 용해성 염 형태의 중금속 양은 법률 제정 이후 중요성이 강조되었다.

예를 들어, EN71 규정은 시료가 묽은 염산과 접촉하여 사람의 소화 시스템을 시뮬레이션 한다. 이 액체는 일반적으로 장내에 존재한다. 적당히 시간이 지나면, 염산은 AA, ICP를 사용하여 미량 금속을 분석한다. 정량적 결과는 실험 데이터로부터 얻을 수 있으며, 잉크 또는 코팅이 규정에 부합하는지 그 여부를 결정할 수 있다. ICP는 모든 요소를 동시에 감지 가능하며, 빠르고 저렴하게 분석이 가능하다.

어린이 장난감의 경우 이러한 독성 검사가 중요하다. 처음에는 완제품 장난감의 대표 샘플을 테스트 했지만 사용하는 락카가 EN71 규정을 많이 통과 하여, 잉크, 페인트 같은 개별 구성 요소에 대한 시험도 진행 중이다. 이러한 종류의 테스트를 빠르고 효율적으로 수행하는 많은 실험실이 있다. 대부분의 회사는 일상 분석을 위해 이를 사용하며, 고객이 적합성 증명을 요구할 경우, 측정 시간은 대개 빠르기 때문에 품질 관리에 쓰일 수 있다.

열 분석

고분자 및 코팅 화학자들이 이용할 수 있는 열적 기반 분석기술은 3가지 주요 방법이 있다.

시차 주사 열량계(DSC)
동적 기계 분석(DMA)
열적 무게 분석(TGA)

위의 것들은 각각 고분자나 코팅 배합에 대한 다른 정보를 산출한다.

10.1 시차 주사 열량계(Differential Scanning Calorimetry)

기존의 열량 측정법은 특정 공정중에 발생되거나 제거되는 열을 측정한다. 유리전이온도(T_g), 용융 그리고 흡열 반응과 같은 현상 모두 열이 흡수하고, 반면에 발열반응으로는 열이 발생된다. 이와 같이 다른 경우에서 발생하는 온도는 계(system)의 구성에 의존한다.

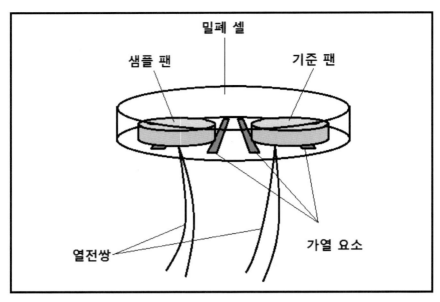

밀폐 셀

샘플 팬   기준 팬

열전쌍   가열 요소

그림 52 DSC 원리

　본질적으로 DSC 기기는 2개의 팬(pan)으로 구성되어있으며, 동일한 온도 증가율을 유지하기 위해 동일 속도로 가열한다. 한 개의 팬은 샘플을 포함하며, 또 다른 하나는 기준으로 사용된다.

　시료가 흡열하거나 또는 발열할 때, 동일한 온도로 양쪽 팬을 유지하기 위해 공급되는 전력을 늘리거나 또는 줄여야 한다. 따라서 공급된 전력의 면밀한 차이를 기록함으로써 샘플의 열 적 거동을 연구할 수 있다. 실험은 등온 상태로 실행 가능하다. 이 방법에서는 팬의 온도는 미리 지정된 온도로 빠르게 상승시킬 수 있다. 그리고 다양한 처리공정이 발생하지만 그 온도를 유지할 수 있다.

　유효기간 안정성에 대한 간단한 측정은 6.3에서 다루었다. 보다 정교한 방법이 알려져 있는데 열적 분석기는 다른 배합물들에 따른 최대 발열이 발생하는 온도를 연구하는 데 사용되었다. 이러한 배합물들은 55도 그리고 상온에서 전자는 6주동안, 후자는 6달동안 유지했다. 그리고 점도는 시험 전후뿐만 아니라 중간에도 측정되었다. 점도 증가는 최대 발열 온도와 관련이 있으며, 200도 아래의 T(최대)는 저장 안정성이 좋지가 않다. 이 테스트들은 산소장해를 최소화하기 위해 열분석기에서 질소 조건하에 수행되었다. 유사하게 노화 시험(The ageing test)에서도 가능한 한 많은 산소를 제거한다. 이 실험들로부터의 데이터는 기술에 대한 대략적인 감을 제공해주는 역할을 한다. 이러한 것들은 6mg의 샘플을 25도에서 300도까지 분당 10도의 가열속도로 팬에서 가열하는 것을 전제로 한다. 그림 53은 전형적인 DSC 그래프를 보여준다.

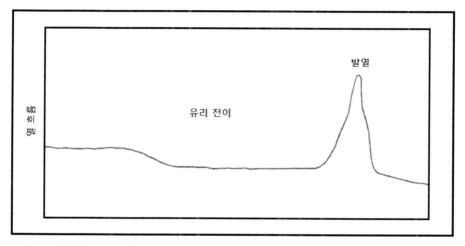

그림 53 전형적인 DSC 곡선

DSC는 대부분 고분자의 유리전이 온도(Tg)를 측정하기 위해 일반적으로 선택되는 방법이다. 이 매개 변수는 수지 또는 코팅이 단단한 취성 물질에서 보다 부드럽고 고무와 같은 물질로 변하는 온도이다. 이러한 상태는 용융과는 다르며, 용융은 모든 분자들이 일부 병진 에너지를 가지고 있을 때 발생하고 액체가 된다. 유리전이는 고분자 사슬들 중 일부분이 회전하기 시작하고 보다 심하게 진동하게 됐을 때 발생한다. 이와 같은 전이는 정확한 온도에서 즉각적으로 발생하지는 않으며, 그 온도 일정 범위에서 발생하게 된다. 그러나 명확성을 위해 가장 가파른 선의 중간지점을 Tg라고 명시한다.

10.2 시차 주사 광열량계(DIFFERENTIAL SCANNING PHOTOCALORIMETRY)

DSC 장비를 상업적으로 이용가능하고, 대부분의 제조업자들이 액세서리를 제공하거나 광중합을 개시하기 위해 샘플이 있는 쪽으로 UV 빛을 들어오게 하는 별도의 기계들을 공급한다면 반응속도를 조사할 수 있다. 그림 55에서는 열량 기록의 예를 보여주고 있다.

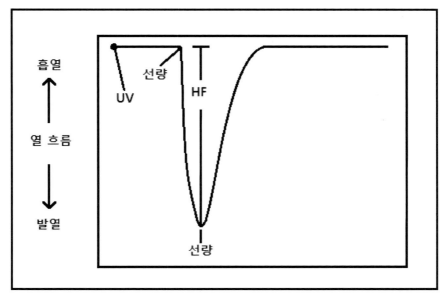

그림 55 DSP의 전형적인 열흐름 곡선

시차 광열량계(differential photocalorimeter)는 수은 램프와 레이저로 구성되어있으며, 그 출력은 다양한 필터들 또는 단색광 그리고 광섬유 중 하나를 통과하여 열려있는 상부팬에 위치한 샘플쪽으로 향하게 된다. 특정 200W 램프는 5mW/cm2의 광도를 생성한다.

실험은 일반적으로 질소 또는 공기 조건하, 등온으로 수행된다. 일반적으로 유속은 5-20cm3/min이다. 반응에서 온도의 영향은 다른 온도에서 동일 물질의 다른 샘플링의 실험을 반복함으로써 연구된다. 이 후자의 데이터에서는 활성화 너지 그리고 전지수 인자와 같은 아레니우스 매개변수에 대한 정보를 산출할 수 있다. 중합반응의 엔탈피가 알려져 있다면 반응속도 및 경화 정도는 로우 데이터로부터 추출될 수 있다. 중합반응 엔탈피는 시간 그리고 속도상수 유도에도 사용된다. 일부 장비의 표준화된 소프트웨어를 사용한 곡선 피팅은 속도 제한 단계 그리고 반응 메카니즘에 대하여 흥미로운 결론을 도출해낼 수 있다. 비닐 에테르 단량체의 양이온성 광개시제의 효율 또한 조사된다.

10.3 동적 기계 분석(DYNAMIC MECHANICAL ANALYSIS)

DMA 사용에 있어 지지하거나 선호하는 사람들은 광섬유 코팅 업계에 있다. 이 기술은 일정 온도 구간에서 고정된 주파수의 진동 변형에 따른 물질의 응력을 측정한다. 응력은 몇 가지 다른 방법들로 적용될 수 있으며, 신율에 대한 측정으로는 실형태나 스탠딩 필름형태가 가장 일반적이다. 고분자들은 점성, 탄성 거동의 정도가 다르며, 이러한 특성들은 사슬의 움직임으로부터 비롯된다. 많게는 적용된 응력에 저항하여 액체와 같이 행동하는 것부터, 적게는 적용된 응력으로 변형된 고체의 특성을 유지하는 것까지 말한다.

DMA 실험에서는 사인파의 기계적 응력은 사전 선택된 진폭의 사인파 변형을 일으키도록 샘플에 적용된다. 다음과 같이 액체와 연관된 점성 항력은 적용된 사인파 응력 그리고 변형 반응 사이의 지연을 야기한다. 이러한 지연은 위상변위라고 표시되며, 이것은 일반적인 고분자부터 점탄성 특성에 따른 고분자까지 다양할 것이다. 가장 현대적 장비는 치수에 있어 매우 다양한 샘플들을 수용할 수 있다. 그리고 샘플 클램프 유형을 변경하여 굽힘, 전단장력 및 압축을 포함한 응력을 적용하는 다양한 방법을

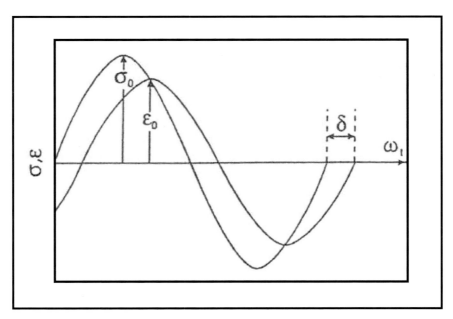

그림 56 적용 변형률과 DMA에서의 응력간의 위상차

수행할 수 있다. DMA 장비의 한 특정 제조업체는 강철에서의 10 마이크론 페인트 코팅에 대한 손실 계수를 측정할 수 있는 장비의 능력을 입증했다. 적용된 응력의 주파수는 일반적으로 0.01~200Hz의 범위 내로 다양하며, 오븐 온도 범위는 최소 -150도, 최대 500도까지 가능하다. 일반적으로 3도/1분의 기울기로 온도 프로그램이 설정된다. 정상적인 인장시험은 시료의 강성 측정치인 정적 탄성 매개변수를 도출한다. 강성 측정치는 변형률에 의해 적용된 최대응력을 나누면서 얻어진다. 유사하게 DMA 데이터는 동적 탄성률에 의해 해석될 수 있으며, 두 가지 유형이 있다.

저장 탄성률
손실 탄성률

전자는 중합체의 고체 또는 탄성 거동에 기인하며, 후자는 열의 형태로 에너지를 소멸시키는 액체의 능력에 기인한다.

166

$$탄성\ 저장 = E'=G' = \frac{\sigma_0}{\varepsilon_0}\cos\delta \qquad\qquad (식\ 28)$$

$$탄성\ 손실 = E=G = \frac{\sigma_0}{\varepsilon_0}\sin\delta\ 식\ 29 \qquad\qquad (식\ 29)$$

변형 횟수당 에너지 손실/저장된 에너지의 비(E"/E')는 손실 탄성률로 알려져 있다. 손실 탄성률은 가장 유용한 매개변수인 tanδ로 수학적으로 기술된다. 온도에 대한 tanδ의 도식은 스캔된 온도범위에서 한 개 또는 그 이상의 피크들을 보여줄 수 있다.

$$\tan\delta = \frac{E''}{E'} \qquad\qquad (식\ 30)$$

위상변화가 90도에 가까워질수록, 중합체는 더 액체와 가까울 것이라고 식 28 그리고 29를 통해 분명히 알게 될 수 있다. 이 분석의 결과를 보고할 때, 3개의 매개변수 중 두 개의 도표가 온도에 대하여 작성된다. 일반적으로 저장 탄성률은 왼쪽 y축에 위치해있고, 손실계수 또는 tanδ은 오른쪽 y축에 위치한다. (그림 57 그리고 그림 58) 온도 상승효과는 저장 탄성률을 감소시키는 반면 다른 두 매개변수는 최대값을 나타낸다. 이 최대 온도가 발생하는 온도는 유리전이온도(Tg)로 간주된다. DMA는 Tg를 측정하는데 사용되는 가장 보편적인 기술이다. 경화 정도 증가, 후경화, 노화(Ageing)에 따라 Tg값이 달라지며, DMA는 이러한 변수가 미치는 과정을 모니터하는데 사용될 수 있다.

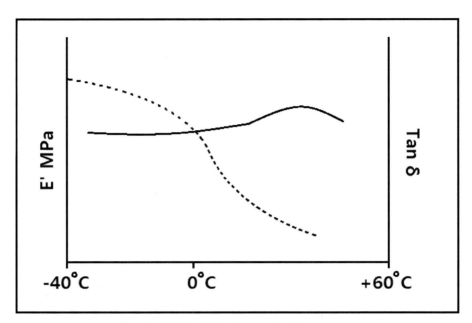

그림 57 광경화 필름의 온도에 대한 저장 탄성률 및 tanδ의 그레프

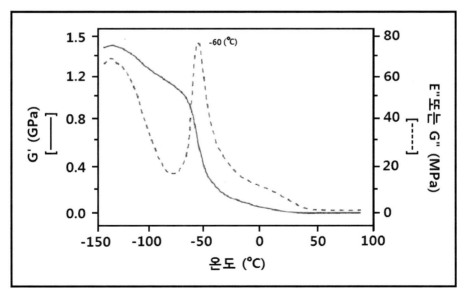

그림 58 광경화 필름의 저장 탄성률 E'과 손실 탄성률 E"의 그레프

168

온도에 따른 저장 탄성률의 변화를 검사하면 유익한 데이터를 얻을 수 있다. 하나의 특정 예로 일광은 광섬유 코팅의 인장강도를 증가시키고, 노출되지 않은 것은 그렇지가 않다. 인장강도가 실온에서 측정됨에 따라 코팅에 있어 노출 및 비노출 곡선의 약간의 차이가 있지만 증가는 없는 것으로 나타났으며, 인장강도의 변화도 관찰되지 않았다. 그러나 코팅에서 인장강도의 증가가 나타난다면 곡선은 실온에서 훨씬 전반적으로 다를 것이다.(그림 59, 60) 따라서 비록 탄성률의 점진적 변화를 갖는 코팅이 이상적이지만 갑작스러운 변화를 갖는 코팅이 사용될 수도 있다. 탄성률의 갑작스러운 변화가 경험적 온도가 아닌 다른 온도에서 발생한다면 가능하다.

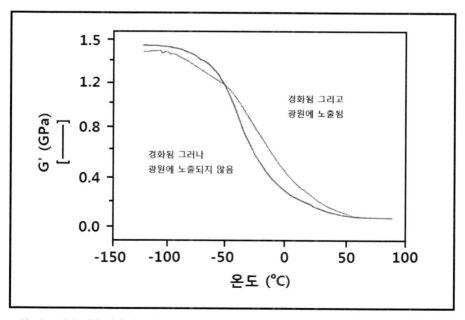

그림 59 조사에 따른 인장 강도의 변화가 거의 없는 광섬유 코팅의 저장 탄성률

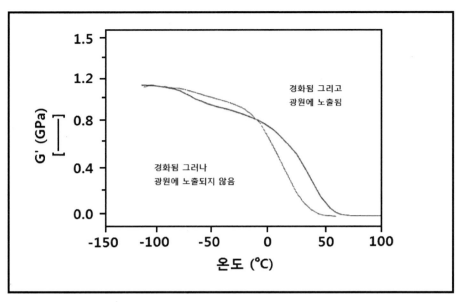

그림 60 조사에 따른 인장 강도의 큰 변화가 보이는 광섬유 코팅의 저장 탄성률

　　동적 탄성률의 큰 변화(저장 및 손실) 때문에 많은 작업자들은 요구되는 양의 폭을 줄이기 위해 결과의 로그 식을 취한다.

10.4 열역학 분석(THERMOGRAVAMETRIC ANALYSIS) (TGA)

　　DSC, TGA 두 기술들은 샘플에 열을 가하는 방식이기 때문에 많은 DSC 장비들은 TGA 응용하는데 있어 재구성할 수 있다. 이름에서 알 수 있듯이, TGA는 온도가 올라감에 따라 중량손실을 정량화한다. 혼입된 용제 및 저 분자량 단량체 휘발이 먼저 이루어질 것이다. 일반적으로 샘플이 분해되기 시작하기 전까지는 아무것도 발생되지 않는다. 샘플이 공기 중에서 진행된다면 이것은 보통 연소과정이다. 질소 조건하에서는 열분해 동안 발생하는 것들과 유사한 과정을 보여준다. 온도 구배 변화가 명확해짐에 따라 파생 스펙트럼은 초기 온도기록계로부터 얻어진다. 온도기록계 그리고 그 파생물들은 동일 배합, 동일 수지에서 동일해야 하며,그렇기 때문에 TGA는 품질 관리 목적으로 사용될 수 있다.

크로마토그래피 분석

11.1 리뷰

　대부분 사람들은 순환 여과지 중심에 잉크 방울을 떨어뜨린다. 이 후 반복적으로 용매를 중앙에 떨어 뜨려 주변으로 퍼지게 하며 성분별로 분리되는 크로마토 그래피 실험을 많이 진행해 왔다. 이 현상은 선택한 용제와 잉크의 구성 성분의 용해도와 관련있다. 평형기(Equilibra)가 기질과 용제 사이에 설치 되며, 용매에 대한 용해성과 종이와 친화성에 따라 어느쪽으로 밀려나는지 결정된다. 종이와 친화성은 낮지만 용해도가 높은 성분은 평형을 오른쪽으로 기울이고 가장 멀리 이동할 것이다. 반대로 종이에 대한 친화력이 높은 성분은 최소한의 이동거리를 보일 것이다.

　위의 확장은 유리 또는 플라스틱 판에 처리된 실리카를 기질로 사용하고 균형 잡힌 용매 혼합물을 사용하는 TLC(Thin Layer Chromatography)이다. 혼합물 성분의 시험은 간단하고 매우 유용한 결과를 얻을 수 있다. 제약 산업에서는 스캐닝 UV/Vis 확산 반사 분광계로 유용한 정량 분석이 가능하다.

　다음 단계는 실리카를 유리 칼럼으로 옮기고 용매 혼합물을 중력 하에서 진행되도록 한다. 이 방법은 혼합물의 개별 성분을 분리하고 분석 할 수 있다. 강철 튜브에 포함 되어 있으면 컬럼을 작게 만들 수 있고 액체를 컬럼을 밀어 넣는 펌프로 보다 높은 압력을 가할 수 있다. 이것은 고압 액체 크로마토 그래피 (HPLC)의 기본 원리다. HPLC는 극성 유기 분자로 처리된 실리카와 -OH 그룹이 주사슬 알킬 그룹으로 구성된 실리카의 두가지로 나뉜다. 전자는 순상 HPLC에서 비극성 용매와 함께 사용하고, 후자는 역상 HPLC에서 극성 용매와 함께 사용한다. 극성 분자는 순상 크로마토 그래피에서 기판 상에서 더 오래 머무르는 반면, 비극성 분자는 역상 크로마토 그래피에서 보다 오래 머무른다.

HPLC의 변형은 기판이나 패킹의 불활성 다공성 물질을 사용함에 있다. 다공성 물질은 특정 크기보다 작은 분자만 통과할 수 있게 설계되었다. 너무 큰 분자는 대부분 다공성 물질안에 못들어가 체류 시간이 짧아진다. 기공의 크기는 다양 하며, 이는 화학적으로 친화성 보다 분자 크기를 기준으로 분리하도록 설계되었다. 패킹은 가교도가 높게 결합된 겔로부터 제조되며, 이는 일반적으로 알려진 겔투과 크로마토 그래피(GPC)라고 한다. 막대 모양 분자의 유효 직경은 특정 크기의 기공으로 진입을 제한하므로 가장 긴 치수이다. 구형 분자가 많을수록 기공에 더 잘 맞을 것이며 체류 시간은 길어진다. 일반적으로 서로 다른 기공 크기로 채워진 두개 이상의 기둥이 직렬로 연결되어 사용된다.

액체 크로마토 그래피의 또다른 변형은 초임계 이산화탄소를 용리액으로 사용하는 것이다. 이것은 고압을 필요로 하지만 고분자, 기타 화학물질에 적용하기 좋아 사용한다. 가장 알려진 크로마토 그래피 방법은 고정상 또는 기질이 실리카 지지체 상에 보유된 액체며, 이동상이 기체인 가스 크로마토 그래피(GC)이다. 샘플은 액체로 주입되지만 즉시 휘발된다(모세관 GC는 매우 미세한 튜브의 벽을 사용한다.). 화합물이 용출되는 속도는 정지상에서 용해되는 정도에 의존한다.

11.2 고압 액체 크로마토 그래피(HPLC)

11.2.1 소개

일반적인 HPLC 시스템의 간단한 블록 다이어그램이 그림 62에 나와있다. 모든 크로마토 그래피 기술과 같이 핵심은 기둥과 그 구성 부분이다. 이는 길이가 10~30cm 이며 내부 직경이 2~6mm인 스테인레스강으로 만들어지며, 일반적으로 상온에서 작동한다. 칼럼의 중심 구멍은 액체 고정상이 흡수되는 실리카 겔 또는 알루미나와 같은 고체 작은 입자(10, 5, 3마이크론)로 체워진다. 고정상의 손실을 막기 위해 '액체'가 실리카 겔에 화학적으로 결합되어 결합상 컬럼(bonded phase columns)이라는 용어도 생겼다.

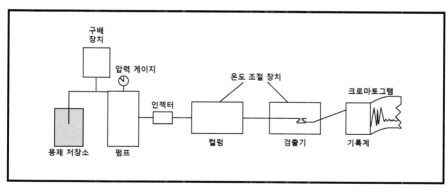

그림 62 HPLC 시스템의 필수 구성 요소

순상 HPLC는 '액상'이 본질상 극성을 요구하므로 필요로 한다. 극성 정도에 따라 실리카의 -OH기가 알코올로 덮혀 알콕시 실란 또는 아민을 생산하여 N-알킬 아미노 실란을 생성한다. 역상 HPLC는 정상상과 반대이므로 -OH기는 $-C_{18}H_{37}$ 유기 잔량기로 캡핑되어 옥타 데실 실록산(ODS)을 생성한다. 다른 펜던트 유기 그룹으로 옥틸(OS) 또는 페닐(PS)이다. 순상 HPLC의 이동상은 헥산 또는 클로로포름과 같은 비극성 용매이다. 이 혼합물은 분리를 최대로 하기 위해 사용되며, 정확한 비율은 일반적으로 경험적으로 결정된다. 극성 용매는 역상 HPLC에서 이동상을 구성한다. 가장 자주 선택되는 것은 메탄올, 물, 아세토니트릴이다. 가장 흔한 혼합물은 아세토니트릴과 물이며, 오늘날 컴퓨터 발전으로 그라디언트 용출이 가능하다. 이를 통해 실험 전반에 걸쳐 용매의 비율을 조절이 가능하다. 가장 적합한 결과는 대부분 역상 HPLC로 얻을 수 있다.

검출기는 가장 일반적으로 용액의 광학 특성의 변화를 측정한다. 용매의 굴절률은 용질을 함유하고 있어 변할 것이며, 이는 구성 요소를 감지하는데 사용할 수 있다. 유사한 유기 분자는 전자기 스펙트럼의 UV 영역을 흡수하는 발색단을 가지고 있으므로 특정 파장(일반적으로 254nm)에서 흡수율의 변화를 감지하는 것이 일반적이다. 가변 파장 UV 검출기도 사용할 수 있다. 비교 표준은 성분을 변화 시키지 않지만 이 유형의 검출기는 지방족 분자를 검출하기 때문에 굴절률 검출기는 그래디언트와 함께 사용할 수 없다. UV 흡광도 검출기는 그래디언트 용출과 함께 사용이 가능하지만 강한 발색단을 가지지 않아 지방족 화합물 검사에 어려움이 있다.

가변 파장 검출기의 개선으로 모든 파장을 동시에 볼 수 있는 다이오드 어레이 검출기(Diode Array Detector)이다. 흡수, 파장, 용리 부피, 시간에 대한 3차원적 그래프를 결과로 보여줄 수 있다(그림 63). 이 기술은 다기능 아크릴레이트를 구별하는데 사용이 가능하며, 품질 관리에도 적용 할 수 있다.

펌프는 결과에 영향을 미치는 요소 중 하나이다. 다양한 유량 범위를 정확하게 전달이 가능해야 한다. 하나의 피스톤이 펌프 스트로크(stroke)에 걸리면 다른 하나는 펌핑 작업을 대신 할 수 있도록 더 많은 용매가 채워져야 한다. 이를 가능하게 두개의 피스톤은 직렬로 작동하게 된다. 체크 밸브는 솔벤트가 정확한 방향으로 펌핑되도록 고정시켜야 한다. 기계식 혹은 전자식 댐핑 장치가 가장 적절하다.

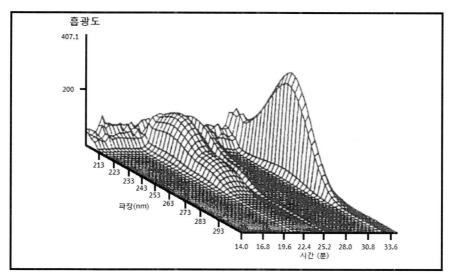

그림 63 3D 다이오드 어레이 크로마토그램

마지막으로 샘플은 20μml 샘플 루프를 통해 시스템에 도입된다. 루프는 끝이 평평한 바늘을 가진 주사기에 처음 로드 된다. 이 후 솔벤트 흐름의 방향이 변경되어 우회하지 않고 바로 루프를 통과한다. 일반적인 농도는 0.05~0.2% w/v 이며, 농도가 높을수록 감지기에 습기가 생겨 분리가 비효율적이다.

11.2.2 적용 분야

퍼킨 엘머(Perkin Elmer)의 RP18 칼럼, 0.3ml/분 속도로 유동하는 아세토니트릴 / 물 (52/48) 이동상을 사용하였으며, 고정된 파장의 UV 검출기에 HPLC 역상을 사용하여 비휘발성 추출물 성분을 분석하였다. 이 필름은 분광계로부터 노출된 아크릴레이트 기재의 필름이다. 올리고머를 비롯한 추출 가능한 물질의 HPLC 분석 결과를 그림 64에 나타내었다. 이 경우 추출된 용매는 메탄올이며, 실험 기술의 민감도는 분해 산물이 높은 용량에서도 재현됨을 입증했다.

광경화와 열경화 잉크로부터 추출 가능한 성분을 비교하기 위해 위 조건과 유사하게 측정하였다.

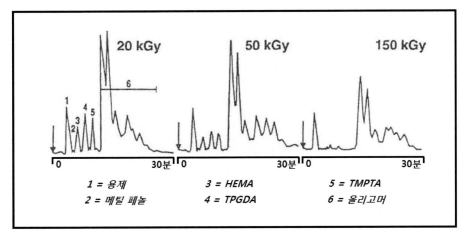

그림 64 HPLC 피크

또 다른 HPLC 사용은 상업적으로 사용하는 TMPTA 순도이다. 분획을 모아 분리된 화합물에 대해 ER, NMR, 질량 스펙트럼을 측정하였다. GPC와 GC도 측정하였다. 분석결과 물질의 50~60%만 실제로 TMPTA였고, 나머지는 디아크릴레이트, 모노아크릴레이트, 아크릴산의 카르복실산기가 이미 아크릴화 된 분자의 이중결합과 만나 형성된 부산물 등으로 구성되었다. 가장 큰 농도로 존재하는 '불순물'은 디아크릴레이트였다. 다행히 모든 불순물은 반응성이며, 경화된 코팅으로 가교 결합 될 수 있다. 그러나 불순물은 이런 경우 다기능 단량체의 높은 자극성을 일으킬 수 있다. 또 HPLC는 경화된 필름에서 잔류 광개시제 분석도 가능하다.

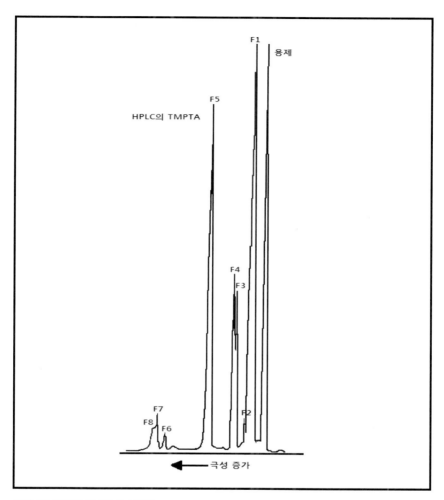

그림 65 TMPTA의 HPLC 그래프

11.3 겔 투과 크로마토 그래피 (GPC)(Gel Permeation Chromatography)

크기 배제 분리분석기로 알려진 GPC는 대부분의 수지 제조업체에 필수적인 기기이다. 기본 선 분리가 재대로 이루어 지지 않고 해상도가 떨어지더라도 결과로 나온 곡선은 수지 본연의 특성이다. 그림 66은 전형적인 예를 보여준다. 가장 높은 분자량의 물질이 먼저 용리되고, 곡선의 변화가 분자량 분포의 여부를 결정할 수 있다. 이는 배합자, 품질 컨트롤러 등에 중요하며 분자량 분포는 표면 코팅용 수지의 올드링(Oldring in Resins)에 자세히 설명되어 있다.

이 기술은 보정 문제로 인해 분자량의 정확도가 낮다. 구조 변화는 고분자가 컬럼의 특정 치수의 겔로 들어가는 여부를 결정하기 때문에 서로 다른 유형의 고분자가 서로 다른 시간에 용출된다. 따라서 교정은 시험중인 재료와 화학적으로 유사한 재료로 수행되어야 한다.

실제 분자량 분포는 점도 또는 광산란 데이터에서만 얻을 수 있다. 그러나 대부분은 샘플 체류 시간과 폴리스티렌 표준 체류 시간을 참고하여 측정한다.

최근에 컬럼 디자인은 불순물 등을 제거하여 세세한 정보를 얻을 수 있게 되었다. 검출기는 점도나 굴절률 등 분자량과 더 밀접한 매개 변수를 측정한다. 간단한 검출기로도 많은 정보를 얻을 수 있다.

용리 시간 대 검출기 응답은 넓은 곡선 형태로 나타내며, 이는 중합체의 성질과 관련있다. 중합체는 단일 분자량의 순수한 물질은 아니지만 각각의 분자량이 다른 다수의 분자로 구성된다. 이 기술은 열역학적 평형보다 겔의 특정 치수 분포에 더 의존하기 때문에 확장을 유발한다.

대부분의 모뎀 방식과 마찬가지로 컴퓨터는 실험 데이터의 활용을 높일 수 있다. 분자량 분포에 대한 정량적 정보는 버튼 하나 눌러 얻을 수 있지만 가장 유용한 기능은 다른 샘플과 동시에 비교를 가능하다는 것이다. 따라서 문제가 있는 배치의 샘플은 이전 표준 샘플과 바로 비교할 수 있다. 분자량과 관련된 문제는 원료의 변화 또는 공정 조건의 변화 등이 있다.

칼럼은 일반적으로 HPLC 칼럼보다 넓은 구멍을 가지고 있으며 길이가 대략 30~60cm이며, 100 bar 이상 압력이 발생한다. 과거에는 서로 다른 패킹이 직렬로 연결된 두 개 이상의 칼럼을 가자는 것이 일반적이다. 변수는 기공 크기와 입자 크기다. 예를 들어 입자 크기가 10마이크론이고 기공 크기가 10^4Å인 겔이 채워진 30cm 칼럼과 기공 크기가 500Å인 겔이 체워진 60cm 칼럼이 광경화 분석에 권장되었다. 위 구성은 대부분 올리고머가 1,500~3,000보다 적으므로 분자량이 비교적 낮은 성분을 10,000개 까지 분리하도록 설계되었다. 보다 넓은 분자량 분포를 분석하려면 기공 크기가 큰 컬럼이 필요하다.

분자량이 클 경우 첫 번째 컬럼의 의해 작은 분자와 분리되고 더 작은 분자는 두번째 컬럼의 의해 더 분리된다. 기포나 빈 공간을 줄이기 위해 컬럼과 펌프, 검출기 사이 모든 연결은 가능한 짧아야 한다. 가드 칼럼 (Guard columns)은 비싼 분석 칼럼의 오염을 줄이기 위해 사용된다.

최근엔 더 다양한 기공 크기가 있는 칼럼일 사용하여 광경화성 단량체, 올리고머와 같은 작은 분자량 범위 샘플을 측정할 수 있다.

혼합된 컬럼은 일반적으로 특정 분자량 범위에 대해 최적화된 기공 크기를 갖는다. 예를 들어, 고분자 실험실의 새로운 3μm E 컬럼은 분자량을 수백에서 최대 30,000까지 처리 할 수 있다. 이 E 컬럼으로 분자량 3,000을 넘지 않는 일반적인 광경화 올리고머를 측정에 용이하다. 더 나은 측정을 위해 두개의 컬럼을 직렬로 사용된다. 이는 실제 오염도를 줄이기 위해 사용되며, 하나의 30cm 컬럼 교체 비용은 60cm 컬럼 교체 비용보다 훨씬 적다. 혼합된 컬럼의 또다른 장점은 다른 기공을 크기를 가진 젤로 체운 두개의 칼럼으로 이전에 관찰된 잡음 피크는 제거 되고 외관상 더 가우스적(Gaussian)으로 보인다.

베이스 라인 분리는 GPC로는 거의 불가능하며, 따라서 상이한 체류 시간 후 수집된 분획은 이전 성분으로부터 오염될 것이다. 그러나 KBr에 순차적으로 분취한 다음 용매를 증발시켜 DRIFTS 분석을 통해 화학적 성분을 측정 할 수 있다. 일반적인 GPC 곡선을 그림 66에 나와있다. 아마 GPC 분석의 가장 부정적인 현상은 경사진 베이스 라인이다. 이는 온도와 압력에 따른 굴절률의 변화 때문이다. 압력은 펌프와 컬럼 저항에 의해 제어되며 온도는 잘 유지해야 한다. 실험실에서 큰 컬럼은 상당한 양의 단열재가 필요하며, 온도를 제어하기 위해 변수를 멀리 해야한다. 온도 제어 측면에선 자동 온도 조절 장치로 조절이 가능한 오븐 등이 좋다.

샘플은 성분이 용해되는 THF의 플러그로서 컬럼상에 도입된다. 기포는 최대한 들어가지 않게 하기 위해 0.1~0.5% w/v 용액을 먼저 200㎕ 루프에 주입한다. 루프의 단부는 대기에 개방되어 있다. 이 과정은 2~3번 반복하며, 유출물을 흡수하기 위해 루프 끝단을 가까이 두어야 한다. 200㎕ 루프는 시스템의 다른 연결 부품과 같은 스테인레스 스틸 모세관으로 만들어져 있다. 이 루프는 레오다인(Rheodyne) 인젝터의 한 부분이다. 샘플을 도입하기 위해 시스템의 흐름은 바이 패스에서 루프를 거치고, 검출기는 활성화 되어 제로 타임을 표시한다. 1~2분 후 흐름은 루프에서 분리된다.

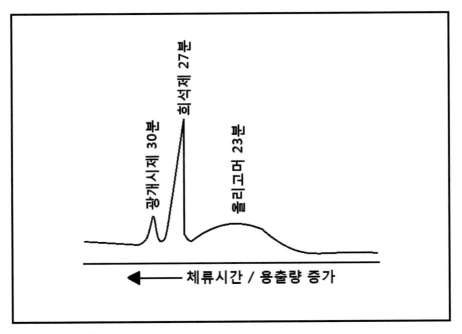

그림 66 GPC 곡선

11.4 가스 크로마토 그래피(GC)

11.4.1 리뷰

질소, 헬륨은 불활성 기체이기 때문에 가스 크로마토 그래피에서 용리제로 효과적으로 쓰인다. 검출은 일반적으로 불꽃 이온화 검출기 (FID)로 이루어지며, 이는 유기 물질이 연소 될 때 전기 전도도가 더 크다는 원리로 작동 되며, 하전된 입자를 생성하는 프로세스이다.

칼럼은 보통 일정한 온도를 유지하거나 일정하게 증가시키기 위해 오븐에 넣어 보관한다. 이는 HPLC에서 천천히 극성을 변화 시키기 위해 용제 비율을 변화시키는 것과 유사하다.

실험실 시설을 갖춘 페인트, 잉크 업체는 배합에 존재한 용매 및 기타 휘발성 물질의 정성, 정량 분석을 위해 저가이면서 신뢰성 있는 방법을 사용하기 때문에, GC를 이용하지 않는 곳이 많다.

광경화 배합은 일반적으로 다음과 같다.

(ⅰ) 단량체, 예컨대 TPGDA, HDDA, TMPTA, 에톡실화된 대응물
(ⅱ) 광개시제, 예컨대 벤조페논, 알콕시 페닐 케톤, HEA와 같은 불순물

이 모든 것들은 GC, IR 분광법을 이용하여 측정한다. 아민, 아민 아크릴레이트는 또한 이 배합의 전형적인 성분이며, 휘발되어 컬럼으로 운반된다. 그러나 패킹에 높은 친화성을 가져 용출이 일어나 검출되지 않을 수 있다. 유동성, 슬립 조절, 기타 첨가제의 측정은 GC로 가능하나, 저농도로 존재하며, 비휘발성 일 수 있어 매우 어렵다. GC는 올리고머가 비휘발성이기 때문에 측정 할 수 없다. GC는 순도가 백분율로 표시되며, 이는 정밀 화학 분야에 광개시제 제조업체 등에 매우 중요하다.

11.4.2 장치

이동상은 질소 혹은 헬륨과 같은 비활성 기체이며, 고정상은 지지체의 흡수된 액체이기 때문에 GC에 대한 보다 정확한 설명은 가스 액체 크로마토 그래피다(Gas Liquid chromatograghy). 혼합물의 여러 구성 요소가 측정 온도에서 기체-액체 시스템에 대한 분배 계수가 다르기 때문에 분리가 발생한다. 액상에 가장 큰 친화성을 갖는 것은 가장 긴 체류시간을 갖는다. 구성 성분에 대해 너무 강한 친화성을 가지면 체류시간이 지나치게 길어져 액체상 유형을 선택에 주의를 기울여야 한다.

순수 헬륨은 일반적으로 사용 가능한 저가 비활성 기체이기 때문에 대부분 이동상으로 사용된다. 재현성이 있는 유지 시간을 달성하기 위해 효율적인 게이지, 유량계, 니들 벨브 등의 유량을 정확히 조절해야 한다.

컬럼은 일반적으로 두가지 유형이 있다. 액상은 오래전부터 다양한 등급의 실리카로 대체된 규조토이며, 지지체 안에 미세하고 규칙적인 입자에 흡수되어 있다. 지지체, 흡수된 액체를 3~6 밀리미터 내경을 갖는 스테인레스 스틸 또는 유리로 제조된 튜브(칼럼)에 충전하였다. 패킹은 높은 배압으로 이어지므로 제한된 길이와 낮은 효율을 의미한다. 이 시스템은 헬륨과 같은 저밀도의 이동상 가스를 사용하여, 긴 칼럼을 만들 수 있기 때문에 효율이 높다. 지지체의 또다른 문제점은 극성 화합물을 흡수하여 분리에 영향을 미칠 수 있다는 점이다. 그림 67은 GC 시스템의 도식을 보여준다.

효율을 높이기 위해 패킹 물질을 모두 제거하고 유리 또는 용융 실리카로 제조된 칼럼의 내벽을 코팅하는 것이다. 내부 직경은 모세관 치수로 축소되며, 모세관 칼럼으로 이름이 바뀌었다. 역압력이 있지만 무시가 가능하며 길이는 생산 기술에 의해 조절된다. 분리 효율은 증가하지만 시료 용량은 적어졌다. 이는 검출 한계에 영향을 미친다. 샘플 용량을 증가시키기 위해 튜브의 내부벽을 거칠게 하여 표면적을 증가 시키거나 반포장 칼럼의 내부를 지지체 물질로 코팅하여 제조하는 방법이 있다.

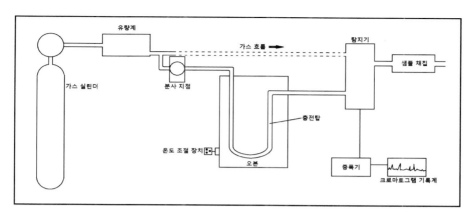

그림 67 GC 도식

액상은 열안정성이 높고 측정 온도에서 무시할 수 있는 증기압을 가져야 한다. 서로 다른 배합물의 열화가 발생하는 최대 온도가 다르다. 시료와 액상 사이에는 반응이 없어야 하며, 여기에는 수소 결합이 포함된다. 선택된 상의 유형은 일반적으로 분리되는 구성 요소와 유사하도록 선택된다. 이는 극성 샘플 경우 극성 상으로 비극성 샘플 경우는 비극성 상으로 선택한다.

칼럼은 항상 단일 온도(등온 분석)로 유지되는 오븐에 배치되며, 온도의 변화를 정확하게 제어되는 프로그램 즉 시작과 종료 온도가 정확하게 조절되며, 온도가 상승하는 시간도 조절된다. 온도 프로그래밍을 사용하면 가스의 점도가 온도에 비례하여 유속이 떨어진다. 이는 온도 프로그래밍이 연속적으로 정확하게 재현되면 그리 중요하지 않다.

온도 프로그레밍은 체류 시간이 긴 구성 요소가 더 빠르게 용리되어 분석 속도를 향상 시킨다. 다른 주요 이점은 디지털 통합에 더욱 적합한 구성으로 피크 모양을 변경한다. 예를 들어 초기 피크가 확장되고 이후 피크가 상당히 좁혀진다. 그림 68에서 이 차이점을 비교할 수 있다.

가장 많이 사용하는 검출기는 플레임 이온화 검출기 또는 FED이다. 작동의 원리는 유기 물질이 수소, 산소 불꽃에서 연소될 때 이온이 생성된다. 금속 실린더가 화염을 둘러싸고 버너의 분사에 대한 양의 값을 가지므로 이온화 전류를 생성하는 전자를 수집할 수 있다. 이 전류는 증폭되어 결과가 컴퓨터로 전달된다. 이 유형의 검출기는 농도와 전류의 선형 범위가 넓은 대부분의 유기 화합물에 적합하다. 상대적으로 온도에 민감하지 않고 구성이 간단하며 공기와 물에 민감하지 않는다. 그러나 최대 감도를 위해 매우 순수한 연료 가스와 캐리어 가스를 사용해야 하며, 샘플을 파괴한다.

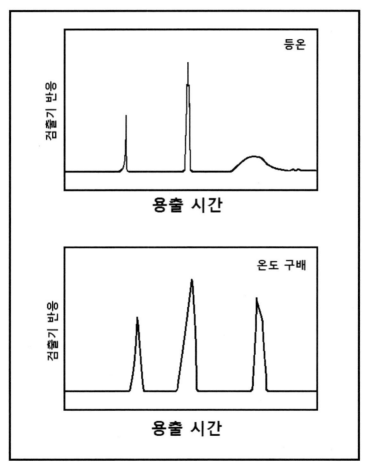

그림 68 등온과 온도 프로그래밍 분석의 차이점

정성 분석은 유속, 온도 프로그램, 칼럼 길이와 유형, 검출기 등과 같은 제어된 실험 조건에서 체류 시간을 비교하여 진행한다. 그러나 표준 샘플은 일관성을 보장하기 위해 종종 미지의 샘플로 진행한다. 따라서 GC는 블라인드 기술로 분류될 수 있다. 즉, 미지의 분석에 앞서 다양한 화합물의 시간을 확인하기 위해 많은 양의 작업을 수행해야 한다.

하이픈(Hyphenated)으로 연결된 기술을 사용하여 미지의 항목을 식별할 수 있다. 여기에는 유출물을 질량 분석기 또는 FT-IR 분광계로 통과시키고 그 결과를 분석하는 것이 포함된다. 그러나 베이스 라인 분리가 필요하다. 분명 이 경우에는 FID를 사용할 수 없지만 분광계가 검출기 역할을 할 필요는 없다.

샘플은 아세톤과 같은 적절한 휘발성 용매에 용해 시켜 도입시킨다. 그런 다음 마이크로 실린지를 이용하여 셀프 실링 실리콘 고무 격막을 통해 액체를 주입하여 시료를 순간적으로 증발시킨다. 이 기체는 캐리어 가스에 도입된다. 일반적으로 $0.5 \sim 5\mu l$가 주입된다. 가열된 블록의 온도는 실험중 일정하게 유지되어야 한다. 아크릴레이트와 같은 반응성이 높으면 $220\,^{\circ}\!C$의 온도로 가열될 때 반응 할 수 있다. 그러나 희석 효과는 이러한 가능성을 줄여야 한다.

모세관 칼럼의 경우 시료의 양을 더 줄여야 한다. 이는 주사기를 정확하게 사용하기 어려워 분할 분사기가 개발되었다. 니들 밸브는 칼럼에 기화된 시료의 양을 조절한다. 감소된 양은 1/100 부분만큼 될 수 있다. 스플릿/스필릿리스(Split./Splitless) 인젝터는 너트를 회전시켜 니들 밸브를 제어 가능하다. 최근 압축 분석을 위해 컬럼 주입기가 개발되었다.

11.4.3 적용

필름은 GC로 분석 할 수 없지만 헤드 스페이스 실험을 이용하여 필름에 포함된 휘발성 물질을 분석할 수 있다. 가장 간단한 헤드 스페이스 분석은 가스 상태의 샘플을 수집하고 이를 GC에 주입하며, 밀폐된 환경에서 샘플을 가열한다. 최근 두종류 컬럼이 사용되었는데 액상은 극성 페닐 실록산인 CP Sil 19CB 컬럼과 고정상은 메틸 실리콘인 캐필러리 컬럼 DB1이다. 실험은 170℃에서 등온에서 수행되었지만 80～100℃에서 200℃까지 온도 설정이 가능하다.

알고 있는 표준 물질의 체류 시간을 이용하여 미지 샘플과 비교하여 측정도 가능하다. 정량 분석은 알고 있는 표준 물질을 사용하여 다양한 구성에 대한 결과를 보정한다.

GC는 또한 경화 필름의 잔류 단량체 함량을 측정하는데 사용된다. 경화된 필름을 조각으로 자르고 25ml 스크류 캡이 달린 약병에 약 1g을 정확하게 계량한다. 샘플을 10ml THF로 1시간 동안 진탕시키고 밤새 놓는다. 이 후 1시간 동안 추가적으로 흔들어 준다. 1ml 샘플을 GC에 주입한 다음 코팅에 포함될 것으로 의심되는 표준 물질 용액을 1ml를 주입한다. 따라서 추출 가능 물질은 확인되고 정량화 된다.

초기에 처리된 더 큰 샘플의 사용은 같은 방식으로 중량 분석에 사용이 가능하다. THF를 결정화 접시로 여과하여 증발 시킨다. 무게 증가량을 표본의 무게로 나눈 값에 100을 곱한 값은 추출 가능 물질의 백분율을 나타내지만 식별은 할 수 없다.

경화도 평가

이번 장에서는 경화 과정을 모니터하는 방법이 있다. 주요 세가지 방법이 있으며, 팽창계(Dilatometry), 증발 속도 분석, 자외선 경화 테스터.

12.1 팽창계(Dilatometry)

라디칼 중합 반응 동안, 분자간 사이의 평균 거리는 자연적으로 감소되며, 체적 감소는 물리적 거시적 영향으로 기록된다. 팽창계는 이러한 부피 감소, 중합 속도, 중합도에 대한 데이터의 대한 연구다.

팽창계 지수에 사용되는 기구는 물로 채워진 실린지로 둘러싸인 용기, 일반적으로 폴리에틸렌 백으로 구성된다. 실린지의 플런저(plunger)는 선형 변환기에 연결된다. 플런저의 이동에 체적 감소로 인해 변환기에서 반응이 유도된다. 변환기가 XY 기록계에 연결되어 있으면 경화에 수반되는 체적 변화의 그레프를 그릴 수 있다. 물론 컴퓨터를 사용하여 동일한 정보를 디지털화 할 수 있다. 이 방법을 사용하면 실험이 완료되고 장비가 손상되지 않으면 폴리에틸렌 백을 버릴 수 있으므로 경화가 완료될 수 있다. 이 방법의 개발 이전에, 팽창 계측법은 단지 용액 내에서의 반응, 순수한 단량체의 반응의 초기 단계에서 사용되었다. 일정한 조사 후 형성된 중합체의 양은 불용성이며 용매를 사용하여 중합체를 침전시킨다. 이 후 여과하고 건조시켜 측량한다. 그런 다음 중합체를 특성화 하기 위해 GPC를 사용하였다.

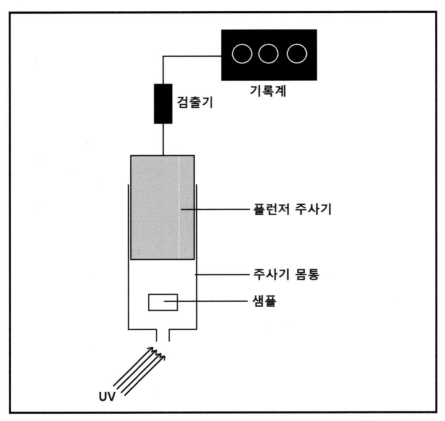

그림 69 기본적인 팽창계 장치

이 방법의 감도가 향상되어 300μm 필름 형태로 조사된 0.1cm³ 샘플의 체적 변화가 모니터 될 수 있다. 0.1μl에서 7μl의 부피 변화를 감지하는 방법은 실린지 플런저를 고정시킨 다음 실린지 배럴의 루어(luer) 끝을 정밀 보어 유리 모세관에 연결한다. 여과된 텅스텐 램프의 녹색빛은 좁은 슬릿 앞에 위치한 모세관을 통과한다. 셀레늄 광전지가 소스 맞은 편에 배치된다. 슬립, 램프는 모세관이 공기로 가득 차있을 때 광전지에 도달하지 않도록 위치한다. 그러나 물이 가득차면 빛은 굴절된다. 포토셀의 출력은 증폭된 다음 XY 기록계에 연결된다. 전체 모세관의 신호와 빈 모세관의 신호의 비율은 약 10이다.

조사시 시료가 수축되어 주사기 안의 주변 물의 체적이 감소한다. 이 효과는 모세관의 물을 움직이게 하여 신호가 감소하는 것을 모니터한다. 매니스커스(meniscus) 레벨이 변화 될 수 있도록 마이크로 미터 실린지가 T피스를 통해 시스템에 부착된다.

또는, 공기와 물의 변화를 전기 신호를 사용하여 모세관에 들어 있는 양을 감지 할 수 있다. 즉 두개의 금속판이 모세관 사이에 끼우며 이는 케퍼시턴스(Capacitance) 브릿지의 한쪽을 형성한다.기술의 향상은 HDDA, CTX를 기반으로 하는 공식에 적용하였다.

최근 아르키메데스 원리를 사용하는 다른 방식이 보고되었다. 물체의 부력은 물의 양과 관련 있으며, 부피의 작은 변화는 부력의 변화를 가져온다. 이 방식은 얇은 와이어 나사에 고정된 폴리프로필렌 백킹을 사용하며 백킹에 장착된 폴리에틸렌 주머니(sachet)에 샘플이 포함되어 있다. 주머니는 항온조에 둘러싸여 있으며, 중력 수은 램프의 UV는 샘플을 조사할 수 있게 석영창 한면에 도입한다.

리지드 빔(Rigid beam)은 부력의 변화로 발생하는 힘의 차이를 피벗 위에 놓인 강철 스트립에 전달한다. 변형 게이지는 강철 스트립의 휘어짐을 모니터링 하며, 출력은 전자 증폭기에 공급된 다음 Y-T 기록계에 공급된다(그림 70 참조). 이 시스템은 매우 작은 변위에 민감하고, 매우 낮은 관성, 작은 변위에 대응 할 수 있다.

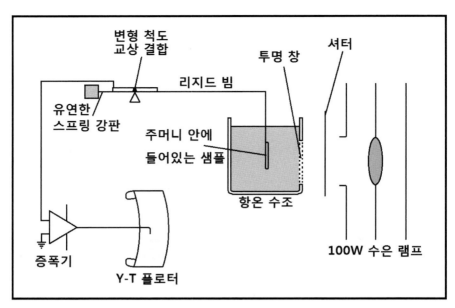

그림 70 부력 방식을 적용한 팽창계

측정 예상 영역에 대한 시스템 보정은 빔의 하중 끝 부분에 더 큰 알루미늄을 부착하여 이루어진다. 최종 수축 값은 병에서 물이 이동하는 것을 통해 최종 부피를 측정한다. 약 **4mv/mg**의 감도가 얻어진다. 샘플 부피 0.4ml를 치수 6.5 x 3.5cm의 주머니에 도입하여 180μm 필름을 얻었다. 그 다음 샘플을 램프 창으로부터 표준 거리로 매달리게 했으며, 전체 장치는 23℃의 온도로 유지된다.

광경화 시스템 아크릴레이트, 양이온성 단량체 모두 조사되었다. 부피 변화가 0.1ml/min으로 감소되었을 때 조사는 600초 동안 유지되었다. 이 기술은 에폭시의 부피 변화에 대한 최소화 방법을 보여 주었으며, HDDA 와 TPGDA는 초기 조사시 매우 빠르게 줄어들지만 최종값은 각각 19%와 15%로 약간 다른 수치를 나타내었다. TMPTA는 빨리 줄어들지는 않으나 최종 결과는 15%로 나타났다.

따라서 실험전에 다양한 배합의 최종 값을 결정하면 이 방법으로 경화시킬 수 있다.

12.2 증발율 분석(Evaporative rate analysis)

표면의 오염 정도를 분석하는 방법으로 1960년대 초에 개발된 증발 속도 분석 (ERA)은 오늘날까지 발전되어 상용화 되었다. 이는 $^{14}_{6}C$로된 고비점 용제로부터 방출되는 방사능(ß선)을 검출한다. 이 용매는 용매와 방사성 화학 물질의 비가 약 100,000:1이 되도록 저비점 용매 등에 용해 시킨다.

소량의 시험 용액(약 20µl)을 표면에 침전 시킨다. 저비점 용제는 고비점 화합물이 코팅제에 침투하도록 도와준다. 저밀도 경화 코팅은 침투가 잘되며 고밀도 코팅은 침투나 팽창에 대해 저항력이 높다. 가이거-밀러 (Geiger-Miiller) 검출기를 물방울 위에 놓고 두개의 질소 스트림을 밀어 넣는다(그림 71). 후자의 특징으로 저비점 용액, 고비점 용액의 증발을 촉진하지만 낮은 비점 용매는 초기에 더 많이 떨어져 나올 것이다.

질소의 흐름은 GM 튜브와 물방울 사이의 체적을 퍼지게 하기 때문에, 검출기는 그 시점에서 표면에 남아있는 표지 분자의 배출만 감지한다. 1/2 초 동안 배출되는 양은 컴퓨터에 저장된다. 방사능 파괴 및 증발 현상은 1차 과정이며 소프트웨어는 데이터를 로그로 변환하고 시간에 따른 변화

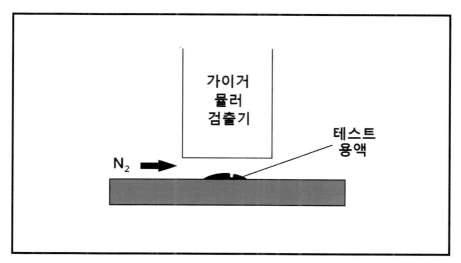

그림 71 ERA의 원리

를 나타낸다.

해석 시간까지 포함하면 일반적으로 3~5분 정도의 시간이 걸린다. 깨끗한 알루미늄 기판에서 진행한 실험이 그림 72에 나와있다.

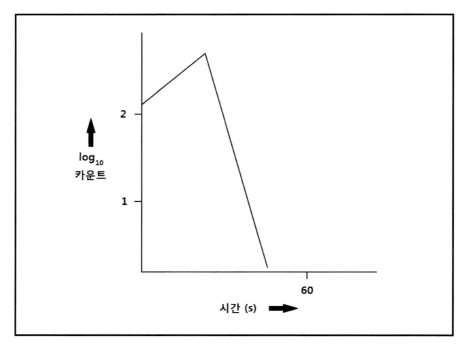

그림 72 방사선 액체 알루미늄 기판 시험

초기 방울내의 저비점 용매 농도가 꾸준히 감소하기 때문에 계수 속도가 증가한다. 이러한 물질은 베타선을 흡수하는 경향이 있어 더 많이 증발되어야 감지기에 도달할 수 있다. 모든 저비점 용매가 사라지면 카운트 속도는 최대가 되며, 이 후 알루미늄 표면의 기준선 값이 12~15초 동안 떨어지게 된다.

다양한 경화 단계 코팅 결과는 그림 73에 나와있다. (a)는 미경화, (b)는 거의 경화됨, (c)는 완전 경화. 그래프 곡선은 최대치에 도달한 다음 떨어진다. 방사 물질은 잔류 활성이 높다는 점을 보면 미경화(a)와 같이 유지됨을 볼 수 있다. 반대로 완전 경화 (c)는 거의 유지가 안된다. 경화 정도에 대한 정량적 분석은 최대점 이 후 초기 기울기를 측정한다.

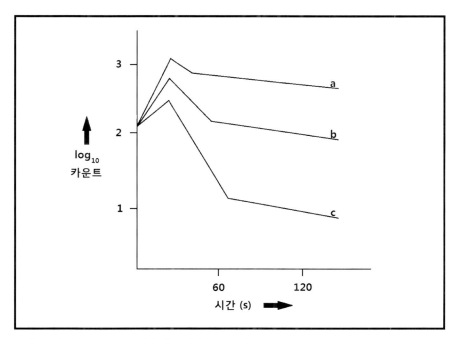

그림 73 다양하게 경화된 코팅의 시간 경과에 따른 결과

측정 감도는 저비점 용제와 방사성 물질에 의해 향상시킬 수 있다. 이러한 방식으로 미경화(undercure)～완전경화(overcure)의 정도를 판단할 수 있다. 방사선 화학 물질은 다음 중 선택할 수 있다.

ⅰ) 테트라브로모에탄(Tetrabromoethane)-1,2-C14

ⅱ) 트리데칸(Tridecane)-1,13-C14

ⅲ) 디에틸 석신산(Diethyl succinate)-1,4,-C14

ⅳ) 2-에틸부틸산(2-Ethylbutyric acid)-1-C14

용매는 다음 중 선택할 수 있다.

ⅰ) 트리플루오로 트리클로로 에탄(Trifluoro trichloro ethane)

ⅱ) 시클로펜탄 (Cyclopentane)

iii) 클로로포름 (Chloroform)

iv) 메탄올 (Methanol)

ⅴ) 메틸 아세테이트 (Methyl acetate)

ⅵ) THF (Tetrahydrofuran)

ⅶ) 3-메틸펜탄 (3-Methylpentane)

ⅷ) 아세톤 (Acetone)

ⅸ) 2,2-디메틸부탄 (2,2-Dimethylbutane)

ⅹ) 2,3-디메틸 부탄(2,3-Dimethylbutane)

테스트 용액이 너무 강하면 모든 곡선은 미경화(a) 곡선과 비슷하다. 그러나 반대로 너무 약하면 모든 곡선이 완전 경화(c)와 비슷하다.

로우 데이터를 분석하기 위해 슬로프 인덱스 방법이 개발되었다. 이 방법은 1/2초에 걸친 곡선을 최고 60개로 나눈 적분 값으로 나타내었고 이 값을 최종 120/2초 합계로 나눈 값이다.이 계산 결과가 높으면 경화가 더 진행된 것이다.

또 다른 방법 중 하나는 습윤성 지수를 이용하는 방법이다. 경화 정도에 따라 젖음성이 증가함에 따라서 액체 방울의 열전달 속도가 변화한다는 이론이다. 이는 순차적으로 용매의 증발 속도에 영향을 미치며, 계수 곡선의 최대값과 관련 있다. 최대값에 도달하는 시간은 경화 지표를 나타낸다. 경화시간이 더 짧을수록 경화가 더 진행된 것이다.

ERA는 UV, EB 경화에서 경화 정도를 판별하는데 사용되었다. 후자의 경우, 슬로프 인덱스로 안료에 의한 경화 억제를 판단할 수 있다.

가장 좋은 결과는 습윤성 지수가 3Mrads 후 최소 90초를 나타냈다. 이는 아크릴 방출 코팅상의 매탄올 용액을 사용하여 얻어졌다.

12.3 N121 UV 경화 시험기

이 장치는 기판에 적용될 때 다양한 UV 경화성 코팅의 반응을 비교할수 있다. 비용 측면에서 효율적이며, 간단하면서 좀 더 세밀한 측정 장치이다. 이는 광경화성 수지의 최적화이며 품질관리에도 유용하다.

N121 UV 경화 시험기는 초기 설계에서 발전된 버전이다. UV 빛에 의해 조사되는 동안 코팅 재료를 통해 일정한 비율로 스타일러스를 움직이는데 필요한 힘을 측정한다. 테스트 동안, 기록된 초기 힘은 경화되지 않은 액체 또는 페이스트로 코팅된 기판의 대한 스타일러스(막대 모양 홀더의 한쪽 끝에 장착된 직경 3mm의 스테인레스 스틸 구)를 이동시키는데 필요한 힘이다. 조사는 경화를 유도하여 점도와 운동 저항을 증가시키므로 필요한 힘을 증가시킨다. 이 대안으로 경화는 스타일러스 표면에 가압하여 필요함 힘을 감소시킬 수 있다. 경화가 완료되면 힘은 다시 일정하다.

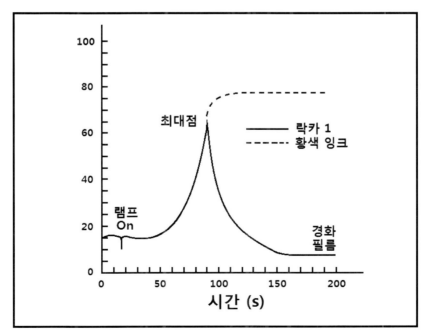

그림 74 전형적인 UV 경화 시험기 트레이스

빛은 두개의 저압 수은 램프(15W/ 램프)로 구성된 광원에서 방출된다. 하나는 최대 방출량이 255nm이고 다른 하나는 355nm이다. 스타일러스에는 수직력이 작용하여 기판과 양호한 접촉을 보장한다. 스타일러스는 정지 상태로 유지되고, 시료는 컨베이어 트레이에서 구동되며, 속도는 스테퍼 모터(stepper motor)에 의해 1~9cm/min 사이에서 변할 수 있다.

스타일러스 홀더는 피벗에 장착되며 수평 테스트력은 스프링의 작용에 의해 반대되는 회전 모멘트를 생성한다. 스타일러스 홀더의 굴절은 홀 효과 센서와 자기 배열에 의해 측정되며, 출력은 일체형 차트 기록계에 연결된다. 질소 퍼징 설비도 이용 가능하다.

다른 다양한 결과로서, 알루미늄 기재에 도포된 황색 잉크는 경화중 신호가 점점 증가하는 것을 보여 주었고 스타일러스가 고체 잉크를 관통했기 때문에 최종 상수 값이 초기 값보다 훨씬컸다. 이 그래프의 곡선이 중간까지(T_{50}) 도달에 걸리는 시간은 경화 속도와 관련있는 것으로 본다. 락카 경화를 검사한 다른 유형의 그래프를 보면, 궤적은 최대값에 도달할 때 까지 신호 증가를 나타내었고, 그 후 안정한 값으로 급격한 감소를 나타내었다. 이 모양은 스타일러스의 수평력을 증가시키는 점도 상승과 관련있다. 그러나 반 고상 코팅은 스타일러스를 표면에 가깝게 만든다. 이 경우 운동 저항이 다시 떨어지며 슬립제를 사용하는 경우에는 원래 힘보다 낮다. 피크 위치는 잘 정의되었으며, 이 피크에 도달하는 시간은 코팅 Tmax의 경화 시간으로 정의 될 수 있다. 그림 74에서는 이러한 차이점을 보여준다.

이 시험기는 기질의 반사가 경화에 어떤 영향을 미치는 알 수 있다. 고광택의 표면은 검은색 표면보다 우수한 반응을 보인다. FT-IR 경면 반사율로 비교를 하였지만, 코팅의 광택 성질로 인해 다른 피크가 발생하여 신뢰도가 떨어졌다. 아민 관능화된 올리고머는 질소 대기하에 있는 유형보다 빠르게 반응한다는 것을 보여줬다.

12.4 다른 방법들

이전에 언급되지 않은 방법을 사용하여 경화 할 수 있다. IR, 마이크로 웨이브 유전체 측정, 비저항, 표면 프로파일, 레이저 비계측법, 탁도계, 레이저 간섭계이다.

옥외폭로 테스트

제13장

특히 건축용 강철, 목공, 자동차 부품에 적용되는 경우 일부 코팅이 노출된다. 사용전 실외 성능에 대해 예상하는 것이 분명 필요하며, 관련 프로세스를 가속화 하는 것이 유리하다. 이런 요구 사항은 옥외 노출과 가속 풍화의 등 여러 변수가 고려되었다.

13.1 옥외 또는 자연 노출

목재용 도료는 ASTM D1006에 따라 노출 될 수 있다. 시험 부위는 코팅이 사용되는 부위의 유사성을 고려하여 선택된다. 패널은 생산 라인을 대표하며 북쪽과 남쪽을 마주하는 수직 울타리에 노출되도록 준비한다. 일출 2시간 이상, 일몰 2시간 전에 차폐되어선 안된다. 비교를 위해 대조군을 항상 포함해야 하며, 성능 판단에 사용되는 기준에는 광택 손실, 균열 발생 정도, 백묵화 정도가 포함된다.

금속 기판에 적용시킨 코팅의 옥외 노출 시험은 패널이 남쪽에서 45°랙에 노출되게 한다. 북쪽을 향한 패널은 더 많은 바람, 비를 겪고, 남쪽은 더 많은 태양광을 받는다. 햇빛의 영향을 가속화하기 위해 패널은 플로리다나 애리조나에서 노출 될 수 있다. 평가는 색상 변화, 광택 유지, 백킹 정도, 열화된 경우 균열 정도에 따라 판단한다. 부식의 양은 코팅, 노출된 모서리, 굴곡 등에 측정된다.

13.2 내후성 가속 테스트

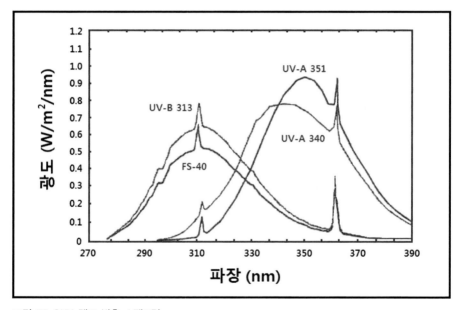

그림 75 QUV 램프 방출 스펙트럼

내후성 테스트를 시뮬레이션 하는 다양한 기술들이 있으며, 내후성 가속화 테스트가 가장 빠르게 테스트 할 수 있다. 여기에는 자외선과 수분에 순환 노출(예: QUV 장치) 크세논 아크 램프에서 습식 / 건식 노출, 35℃에서 염수 분무에 연속 노출 후 35℃ 건조 대기 하에 유지시킨다.

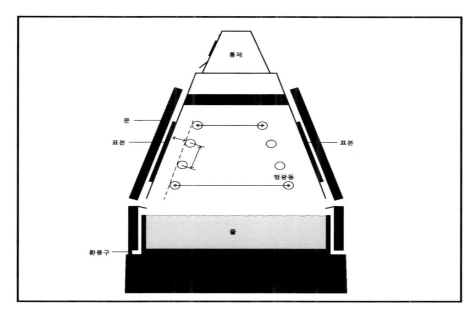

그림 76 QUV 기구 도표

13.2.1 크세논 아크 방법

크세논 아크 유형의 내후성 테스트기는 여전히 사용되고 있지만 구식이다. 테스트기의 램프는 회전 드럼의 중앙에 놓여있으며, 패널은 안쪽이 가운데를 향하도록 고정된다. 아크 램프는 공냉식 또는 수냉식이 될 수 있으며, 시간 경과에 따라 점차적으로 출력이 떨어지도록 조정해야 한다. 16℃의 탈 이온수 또는 증류수는 드럼이 회전 할 때마다 한번 패널에 분무될 수 있다.

실험은 다음 네가지 방법 중 하나로 구성할 수 있다.

A) 빛에 대한 지속적인 노출과 물 분무에 대한 간혈적 노출

B) 물 분무에 대한 간혈적 노출과 명암에 대한 대체 노출

C) 물 분사없이 빛에 지속적인 노출

D) 물 분사 없이 명암에 번갈아 노출

모든 경우 검정색 패널의 온도가 약 63±3℃로 유지되도록 기계 자체에서 조절된다. 노출 효과는 광택 손실, 색상 손실, 백킹의 양, 특정 시간 후 균열 정도를 측정한다.

13.2.2 형광 UV-응축 타입 사이클 방식

페인트 실험실에서 사용하는 가장 일반적인 도구는 QUV 기계로 Q-패널 회사에서 제조되었다. 40W 형광 램프가 UV-A(315-400nm) 또는 UV-B(280-315nm)를 방출하도록 구성되어 있다. UV-B 튜브가 가장 자주 사용된다. 램프의 출력은 튜브벽에 적절한 형광체와 유리를 선택한다.

시편은 자외선에 단독으로 노출되고, 반복적으로 응축이 진행된다. 조명 시간과 응축 시간의 비율은 다양 할 수 있지만 가장 일반적으론 4시간 UV/ 4시간 응축 또는 8시간 UV/4 시간 응축이다.

UV 램프는 장치의 단면은 그림 76에서 나타낸다. 응축은 수증기로 포화된 가열 공기에 시료를 노출 시키며, 패널의 뒷면은 냉각에 영향을 미친다. 비와 같은 물과 자외선으로 인한 열화 시뮬레이션이 이 테스트의 목적이다. 이는 대기 오염 물질, 생물학적 오염, 염수 등에 노출을 목적으로 시뮬레이션 한 것은 아니다.

온도는 흑색 알루미늄 패널을 샘플과 동일한 조건으로 노출 영역에 놓고 열전대를 부착하여 조절한다. UV 사이클 중에 가열 에어를 공급하고 응축 단계에서 물을 가열하여 온도를 지정 값의 ±3℃ 이내로 유지된다. 일반적인 온도는 UV 노출 기간에는 50℃, 60℃, 70℃이며 응축 기간에는 0~50℃이다. 이 온도는 상당히 높아 보이지만 실제로는 직사광선이 닿는 지붕 패널의 온도와 유사하도록 설계되어 있다. 시편은 총 조사 시간에 노출 된 것으로 보고 될 수 있으며, 이 시간에 응축 노출량은 앞서 설명한 비율로 계산할 수 있다.

이전 테스트와 마찬가지로 광택 손실, 백킹량, 페이팅 정도, 크랙 발생 정도, 물 얼룩 등을 평가한다.

QUV-B (8시간 UV-4 시간 응축)- 1000 시간 태양 램프 노출, 1000 시간 내풍속계, 1000 시간 플로리다(광경화)의 결과를 비교한 광경화 내구성 시험을 하였다. 가장 가혹한 조건의 가속 테스트는 QUV와 태양 램프가 사용된 테스트다. 단량체는 각각 동일한 양의 지방족 우레탄 아크릴레이트로 시험하였다. 색상 변화($\triangle$E)로 보았을 때 성능이 크게 변하지는 않았다. 올리고머는 모두 동일한 양의 HDDA로 테스트 하였다. 올리고머의 대한 결과는 매우 다양하였으며, 그 중 가장 테스트 결과가 제일 나쁜 올리고머는 에폭시 아크릴레이트였다. 폴리 에스테르 아크릴레이트도 역시 나쁜 결과를 나타냈다. 최고의 테스트 결과는 지방족 우레탄 아크릴레이트였다. 벤조페논이 광개시제 시험에서 가장 나쁜 결과로 밝혀 졌지만 이 차이가 크지 않아 그리 중요하지 않다.

색상 변화와 플로리다 노출 시스템과 결과는 거의 차이가 없다. 그러나 광택 유지는 결과의 범위가 매우 넓었으며, 가장 내구성이 강한 지방족 우레탄 아크릴레이트가 다시 강조되었다. 파우더 코팅과 비교하면 광경화 코팅은 높은 내구성을 가진다. 흥미롭게도 광경화 코팅은 벤조페논, 아민을 포함하는 광개시제의 존재에도 불구하고 양호한 물성을 나타내어 옥외 내구성을 갖는 UV 경화 코팅을 재형화 할 수 있다.

전반적으로 촉진 테스트는 플로리다 노출 테스트와 같은 결과를 나타내지만 폴리에스테르 아크릴레이트는 QUV-B에서 진한 황색을 나타내며, 플로리다 노출 테스트 동안은 이러한 현상은 일어나지 않는다. 이는 QUV-B 램프(300nm이하)에서 방출되는 더 낮은 파장 때문일 것이다. 이러한 플로리다와 같은 강한 햇빛에도 QUV-B의 파장이 존재하지 않아 많은 논쟁을 일으켰다. 이 후 몇 년 동안 약간 다른 형광체가 함유된 QUV-A 램프가 출시되었다. 이 램프는 정상 QUV-A 보다 낮은 파장이며, QUV-B 보다 높은 파장 영역을 방출한다. 불행히도 이 램프로 실험한 결과 신뢰도가 낮은 데이터가 수집되어서 아직 페인트 업계에서 완전히 받아들이지 못했다.

13.2.3 핫 솔트 스프레이(Hot salt spray)

빛, 습기에 대한 내성은 일반적인 탑 코트(top coat)의 바람직한 특성이나, 프라이머는 접착을 돕고 내부식성을 위해 금속 기재에 사용된다. 탑 코트는 산소, 수분 모두 유기적인 보호 역할을 하지만, 프라이머는 금속 표면을 침투해 반응한다. 그래서 무기막을 만들 수 있는 기능기를 포함해야 한다.

염화나트륨이 수분에 포함되어 있으면 나트륨 이온이 코팅 금속 계면을 따라 크리핑(creep)되어 국부적으로 고농도 수산화 나트륨을 형성 할 수 있다. 물은 삼투압에 의하여 수포가 형성될 수 있다. 이는 부식 과정의 일부로 나트륨 이온이 노출 장소에서 철을 갉아 먹는다.

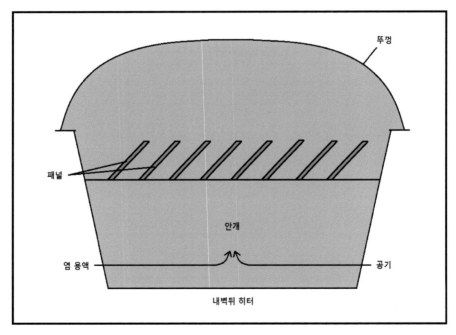

그림 77 염 스프레이 캐비닛

시스템의 부식 저항 테스트는 코팅된 기판의 샘플을 35℃에서 NaCl 5%인 염 용액을 연속 분사한다. 패널은 부식으로부터 보호하기 위해 3개의 가장자리와 뒷면에 전기 절연 테이프를 붙일 수 있다. 그림 77에서 시스템 배치도를 보여준다. 노즐의 스프레이는 '용액'의 짙은 스모그를 생성한다. 테스트는 250시간마다 검사하며 1000시간 동안 노출된다. 종종 X 모양으로 패널 중앙이 잘린다.

평가는 수포의 수, 크기, 잘려진 가장자리(크립(Creep)이라 불림)에서 퍼진 거리나 형성된 녹의 정도(적색 또는 흰색 녹)를 통해 정량화 된다. 수포의 수는 보통 크기나 고밀도로 설명 될 수 있다. 크기는 8에서 1사이이며, 8은 최소, 1은 최대이다. 녹은 가벼움(light), 중간(medium), 심함(heavy), 없음(none)으로 표시한다.

이 분야의 많은 종사자는 옥외 내후성을 측정하는데 핫 솔트 스프레이 시험 결과는 신뢰성이 낮다고 하며, 일부는 자연 풍화 성능에 정면으로 반대하는 사람들도 있다. 따라서 옥외 내후성 테스트를 대체 할만한 것은 아직 없다.

13.2.4 프로헤젼(Prohesion) (접착력에 의한 보호)

이 시험은 브리티쉬 레일(British Rail)에 의해 개발되었으며, 에어, 습윤 분사 주기가 다른 것을 제외하면 솔트 스프레이와 유사하다. 습윤 분사 동안 0.5% NaCl, 3.5% $(NH_4)_2SO_4$의 용액을 솔트 스프레이 시험과 유사하게 분사한다.

각 주기는 일반적으로 3시간이다. 따라서 습윤, 건조는 외부 풍화 작용을 보다 잘 나타내어 주며, 이러한 조건에서 실모양 부식이 발생한다. 이 시험은 핫 솔트 스프레이로 페인트 산업에 까지 미치지 못했지만, 점점 사용자 수가 증가하고 있다.

광량 측정

재현성 있는 결과는 최종 제품이 사용되는 동일 조건하에 시험 할 경우 달성할 수 있다. 라인과 테스트 장비에서 코팅의 경화 정도를 평가하는 경험적 방법은 몇 가지 있을지 모른다. 그러나 확실한 방법은(UV, EB) 특정 지역에 조사되는 광량을 측정하는 것 또는 표준 물질의 흡수량을 측정하는 것이다. 전자는 UV 경화 기계를 보정하는데 사용되며, 후자는 EB 경화 기계간 일관성을 보정하는데 사용된다.

14.1 광도 측정계(Radiometry)

반도체 재료에 UV를 조사하면 전도도가 크게 증가한다. 광 다이오드는 어두운 곳에서 높은 저항을 갖는 p-n 접합을 사용하지만, 충분한 광자가 입사되면 그 수에 비례하여 저항이 감소한다. 이 장치는 입사된 UV 에너지 혹은 광도를 정량화 하기 위해 제작된 복사계에 사용된다. 포토 다이오드에 충돌하기 전에 빛은 UV를 제외한 모든 파장을 제거하도록 필터를 통과한다.

그림 78 UV 광도측정계

포토 다이오드가 현재 전도하는 전류는 전류-전압 변환기로 전달되며, 출력은 입사된 UV 강도에 비례하는 전압이다. 전압은 디지털 카운터에 의해 디지털 펄스 트레인으로 추가 변환된다. 그러면 카운터에는 mJ/cm^2 단위로 총입사 에너지의 정보가 LCD에 나온다.

이전 유형의 계측기는 프로브에 저장된 정보를 해석할 필요가 있었다. 이 후 발전된 모뎀 버전은 자립형이며 평평한 컴팩트 한 장비로 경화 구역에서 나올 때 즉시 판독 가능하다.

이 기술의 발전은 전자 디바이더(electronic divider)에 사전 설정된 에너지 레벨과 합산되고 비율이 매겨져 여러 센서에 출력된다. 출력 결과는 경화기 시스템의 구동 모터를 조절하는데 사용 되며, 따라서 수용된 용량을 자동으로 조절한다.

직접 판독 광전지의 주요 단점은 80W/cm 램프의 표백 효과로 인해 UV 램프의 출력을 지속적으로 모니터링 할 수 없다. 그나마 보안점은 UV 조사 시 형광을 내는 도핑 유리를 사용한다. 이 형광은 인쇄기에서 멀리 떨어진 광전지를 사용하여 측정한다. 이러면, 인쇄기에 영향이 적게 미친다. 광전지 신호는 램프 출력을 제어하는데 사용될 수 있다.

14.2 전자 빔 광량계(Electron beam dosimetry)

단위 질량당 흡수되는 에너지양은 투여량 D로 표시한다.

$$D = \frac{E_a}{W}$$

(식 32)

Ea= 에너지 흡수

W=물질의 질량

투여량은 rad=6.24 x 10^{13} eV/g으로 측정된다. 그러나 라드(rad)는 매우 작은 단위라 메가 라드(Mrad=10^6rad)가 더 일반적이다.

물질에 전자 침투 깊이, 이 경우에는 필름과 비교된 에너지 소산 평가를 통해 흡수된 에너지는 물질의 정지 전력으로부터 계산 가능하다. 이를 모델링 하기 위해 방정식이 만들어 졌다.

$$\frac{dE}{dS} = -7.84 \times 10^{10} \frac{\rho}{E} \sum_{i=1}^{i=} \frac{C_i Z_i}{A_i} \ln \gamma \frac{E}{J_i}$$

(식 33)

ρ = 밀도 g/cm

E = 입사 에너지 eV

C_i = i 원소의 무게 분율

Z_i = i 원소의 원자 번호

A = i 원소의 원자량

R = 1.166

J_i = i 원소의 이온화 에너지

$\frac{dE}{dS}$ = 멈추는 힘= 침투 거리를 갖는 E의 변화율

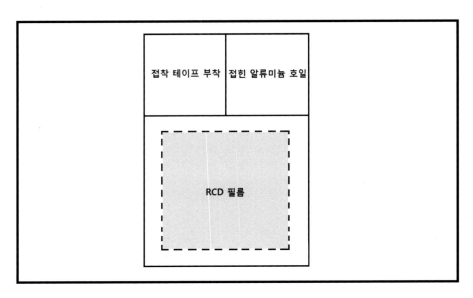

그림 79 전자빔 방사 준비 RCD

식 32에 일반적인 값을 입력하면 eV/cm의 결과가 나타나고 10^{-7}을 곱하면 keV/pm이 된다. 필름 두께에 걸쳐 통합하면 에너지가 흡수된다. 광량 측정을 위한 가장 보편적인 방법은 방사선 광량계(Radiochromatic Dosimeter)(RCD)이다. RCD는 아미노 페닐 메탄 염료와 일정 두께의 필름과 혼합되어 EB에 노출시킨다. 염료는 조사 시 광학 밀도가 증가한다. 이는 일반적으로 일정한 파장으로 설정된 광량계를 사용하며, 조사 전후를 측정한다. 전달된 광량은 광학 밀도 변화(AOD)의 그래프에서 제조사가 제공한 광량과 비교하여 읽는다.

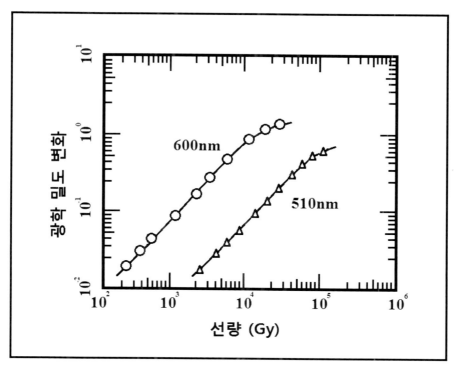

그림 80 흡수선을 갖는 RCD 필름의 광학 밀도 그래프

다른 방법으론 사용하기 쉽지만 300keV 이상 전자 에너지와 매우 얇고 정밀도가 낮은 청색 셀로판 선량계에서 효과있는 셀룰로오스 트리 아세테이트(CTA) 광량계가 있다.

작은 조각의 RCD 필름은 일반적으로 접착 테이프(그림 79)로 기판에 부착 할 수 있도록 되어 있으며, 필름 위에 돌출되도록 매우 얇은 게이지(10~12pm) 알루미늄 호일이 포장되어 있다. 얇은 알루미늄 필름은 전자를 거의 흡수하지 않아 RCD 필름을 위한 좋은 용기이다. 호일의 또 다른 이점은 광학 밀도에 영향을 미치는 빛을 배제한다는 것이다. 염료는 조사 후 적색과 황색 빛을 흡수하므로 청색으로 보인다. 광량에 대한 광학 밀도의 플롯이 그림 80에 나와있다. RCD 필름의 가장 큰 문제점은 조사 이전, 조사 중 주변 환경 조건에 취약하다는 점이다. 후자의 영향을 최소화 하기 위해 광량계는 데시케이터(desiccator)로 보관한다.

정지 전력은 재료에 따라 달라지는 것을 알아두어야 한다. 예를 들어, 위에서 설명한 RCD필름은 0.2274keV/μm의 정지 전력을 가지지만 폴리 (퍼플로오로프로필렌 옥사이드) PPFPO의 필름은 가속 전압 175,000eV에서 0.3137keV/μm으로 계산된다. 이 차이는 밀도의 넓은 편차 때문이다. PPFPO의 밀도는 분명 훨씬 높을 것이다(1.14g/cm에 비해 1.915g/cm).

이 주장을 이어서 보면, 흡수된 광량은 물질마다 다양할 것이다. 그러나 예상과 반대로, 광량계의 50μm 필름은 10Mrad를 흡수하지만 PPFPO 필름은 8.31Mrad를 흡수한다. 이 결과 0~50의 한계 사이의 각 재료에 대한 식32를 통합하여 계산되었다. PPFPO 필름에 단위 면적당 더 많은 중량이 있고 흡수된 에너지가 일정하면 조사량이 무게에 반비례하기 때문에 불균형이 존재하게 된다.

50μm 아래의 박막일 경우, 모든 샘플은 받은 광량(Ds)는 다음과 같이 주어진다.

$$D_s = D_d \frac{\rho_d \frac{dE}{ds}^s}{\rho_s \frac{dE}{ds}^d}$$

(식 34)

D_d = 광량계로부터 받은 광량

ρ_d = 광량 밀도

ρ_s = 샘플 필름의 밀도

$(dE/ds)_s$ = 샘플의 정지 전력

$(dE/ds)_d$ = 광량계 정지 전력

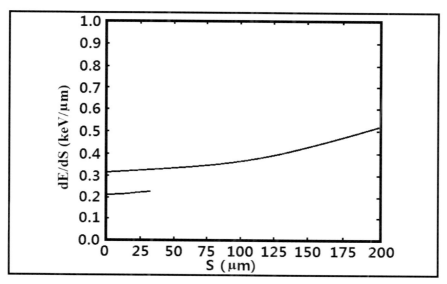

그림 81 전자 경로 S의 함수로 전력 dE/dS를 정지 시킨다.

이 방정식은 필름의 무게가 낮을 때 적용된다. 왜냐하면 전자가 천천히 내려갈 때 정지 전력이 깊이와 함께 증가하기 때문이다. 이러한 이유로 그림 81의 그래프는 곡선으로 그려진다. 이는 식 33이 근사치에 지나지 않음을 의미한다.

두께가 최종 침투 깊이에 접근하지 않는 단일 재료의 샘플일 경우, 흡수된 도트는 필름 두께와 무관하다. 예를 들어 2 RCD 필름 50 혹은 42.5μm 두께일 경우:

Ds = 10(1.14 x 50 x 0.05663/1.14 x 42.5 x 0.06697) = 10Mrads

0.05663과 0.06699의 값은 그래프 통합값이다.

결과적으로, 특정 샘플의 경우, 필름이 비교적 얇게 유지되면 전자빔에 대한 조사량을 한번만 계산하면 된다.

임진규 ──────────────────────

▌약 력

이학박사(화학)
충북대학교 공과대학 공업화학과 교수
KELLON SCIENCE 대표이사

klalim@naver.com

광경화형(UV, EB, LED)
고분자재료의
물성과 응용

초판인쇄 2018년 6월 29일
초판발행 2018년 6월 29일

지은이 임진규
펴낸이 채종준
펴낸곳 한국학술정보㈜
주소 경기도 파주시 회동길 230(문발동)
전화 031) 908-3181(대표)
팩스 031) 908-3189
홈페이지 http://ebook.kstudy.com
전자우편 출판사업부 publish@kstudy.com
등록 제일산-115호(2000. 6. 19)

ISBN 978-89-268-8467-6 93430